Remanufacturing in China

中国
再制造进展

王海斗 张文宇 宋巍 等 编著

国防工业出版社

·北京·

内 容 简 介

再制造是绿色制造的关键手段，是促进循环经济建设的战略性新兴产业，正成为我国推进落实"双碳"目标的重要领域。全书分5篇共11章，全面地介绍了国内外再制造产业的发展现状、政策标准体系建设、关键共性技术研究等最新进展。在此基础上，结合我国的发展规划和战略，提出了再制造产业的发展前景、未来发展趋势和挑战。

本书是在搜集大量数据和信息的基础上，融入了作者部分科研成果编著而成的，可为相关行业从业人员和科研人员提供参考，也可作为高校本科生和研究生的辅助教材。

图书在版编目（CIP）数据

中国再制造进展／王海斗等编著．—北京：国防工业出版社，2024.8
ISBN 978 – 7 – 118 – 13234 – 2

Ⅰ.①中… Ⅱ.①王… Ⅲ.①制造工业—工业发展—研究—中国 Ⅳ.①F426.4

中国国家版本馆 CIP 数据核字(2024)第 065032 号

审图号：GS 京(2024)1219 号

※

国防工业出版社出版发行
（北京市海淀区紫竹院南路23号　邮政编码100048）
三河市天利华印刷装订有限公司印刷
新华书店经售

＊

开本 710×1000　1/16　插页8　印张 13¾　字数 220 千字
2024 年 8 月第 1 版第 1 次印刷　　印数 1—1400 册　　定价 118.00 元

（本书如有印装错误，我社负责调换）

国防书店：(010)88540777　　书店传真：(010)88540776
发行业务：(010)88540717　　发行传真：(010)88540762

PREFACE
前　言

再制造是以产品全寿命周期理论为指导,以优质、高效、节能、节材、环保为准则,利用高技术手段将废旧产品进行修复和改造的一种新型制造模式。

再制造在中国历经二十余年的砥砺前行,已成为国家构建循环经济体系、推动社会可持续发展的重要支撑手段。国家连续三个五年计划都将机电产品再制造列为关注点,是"十二五"节能减排综合性工作方案的重点对象,"十三五"绿色制造创新专项的重要内容和"十四五"循环经济发展规划的关键环节。目前我国已初步建成了充分体现国家意志、政策配套较完善、产品类型较齐全、规模不断壮大的再制造政策法规体系和再制造产业发展体系。中国再制造的理论与技术日趋完善、研发水平不断提高、产品影响力和公众认可度稳步提升。下一步,扩大再制造产业规模、建设再制造产业集聚区、培育优秀再制造企业、普及再制造关键共性技术将成为再制造产业深化发展的优先方向。

中国郑重承诺将在2030年前实现碳达峰、2060年前实现碳中和。"双碳"目标的承诺,体现了中国应对全球气候变化、引领世界绿色发展的坚强决心。以节能减排、绿色环保为核心特点的再制造,高度契合"双碳"目标的紧迫需求,必将为实现"双碳"目标做出应有贡献,迎来再制造产业的黄金发展期。在聚焦国内发展的同时,我国也在积极推进中国特色再制造模式走出国门,为推动引领全球再制造发展注入强大动力。

本书立足再制造发展成果,梳理总结了我国再制造产业发展现状、政策标准体系、关键共性技术、市场规模体量等要素,对未来我国再制造产业的发展前景和所面临的挑战进行了剖析。全书力争集深度学术研究与宏观产业发展于一体,从国际视角出发,聚焦国内再制造前沿动态,通过总括篇、再制造政策法规及标准规范篇、再制造关键技术篇、再制造行业篇和再制造产业发展前景篇五个部分,以及我国再制造政策制定、技术创新和应用、国内外再制造产业现状等多个维度展开全方位总结分析,尽可能为读者展现中国再制造的发展面貌,为政府部门决策提供有效参考,增进社会各界对再制造产业认知理解,为我国再制造发展建设提供支撑。

本书由王海斗、张文宇、宋巍主要撰写,董丽虹、刘明、邢志国、李占明、邱骥、王思捷、马国政、蔡志海、黄艳斐参与了撰写。全书由王海斗、张文宇、宋巍统稿。

感谢陆军装甲兵学院朱胜、魏世丞、孙晓峰等专家在本书编写过程中给予的支持!

由于再制造属于新兴产业领域,政策更新快,产业覆盖广,技术发展迅速,加之水平有限,书中难免有疏漏和不妥之处,恳请广大读者和专家批评指正。

作 者
2023 年 12 月

CONTENTS

目 录

第1篇 总括篇

第1章 再制造的现状 ··· 3
- 1.1 再制造的内涵与意义 ··· 3
  - 1.1.1 再制造的内涵 ·· 3
  - 1.1.2 再制造在循环经济发展中的作用 ·································· 4
  - 1.1.3 再制造与其他回收方式的区别 ····································· 6
- 1.2 世界再制造发展概况 ··· 7
  - 1.2.1 北美 ··· 7
  - 1.2.2 欧洲 ··· 11
  - 1.2.3 亚洲 ··· 12
- 1.3 我国再制造发展概况 ··· 20
  - 1.3.1 再制造发展历程 ··· 20
  - 1.3.2 再制造产业概览 ··· 25
  - 1.3.3 再制造机构概览 ··· 26
  - 1.3.4 再制造发展展望 ··· 27
- 参考文献 ·· 27

第2篇 再制造政策法规及标准规范篇

第2章 我国再制造相关政策法规 ... 35

2.1 顶层设计统筹布局促进再制造产业发展 ... 35
- 2.1.1 "十一五"期间:初步探索制定再制造相关规划 ... 35
- 2.1.2 "十二五"期间:全面布局推进完善再制造政策体系 ... 36
- 2.1.3 "十三五"期间:加速落实再制造产业高质量发展 ... 39
- 2.1.4 "十四五"期间:继续深化再制造产业改革 ... 41

2.2 立法先行政策牵引推动我国再制造规范化进程 ... 42
- 2.2.1 2000—2008年:再制造产业规范化发展探索尝试 ... 44
- 2.2.2 2009—2020年:再制造产业规范化发展加速推进 ... 45
- 2.2.3 2021年至今:再制造产业规范化发展进入新阶段 ... 47

2.3 地方再制造政策 ... 50
- 2.3.1 各省、自治区及直辖市再制造产业发展规划 ... 50
- 2.3.2 地方性法规制定 ... 54

参考文献 ... 57

第3章 我国再制造标准化进展 ... 60

3.1 再制造标准化体系构建 ... 60

3.2 再制造技术规范和标准概况 ... 61
- 3.2.1 再制造标准梳理 ... 61
- 3.2.2 我国再制造标准化发展趋势 ... 63
- 3.2.3 国家再制造相关技术规范和标准 ... 64
- 3.2.4 行业再制造相关技术规范和标准 ... 68
- 3.2.5 地方再制造相关技术规范和标准 ... 71

3.3 再制造标准化存在的问题及对策 ... 73
- 3.3.1 标准化发展的问题 ... 73
- 3.3.2 标准化措施的建立 ... 74

参考文献 ……………………………………………………… 75

第3篇　再制造关键技术篇

第4章　再制造拆解与清洗技术及其应用 ……………………… 79

4.1　再制造拆解与清洗的概念 …………………………………… 79
####　　4.1.1　再制造拆解 ………………………………………… 79
####　　4.1.2　再制造清洗 ………………………………………… 80
4.2　再制造拆解技术 ……………………………………………… 81
4.3　再制造清洗技术 ……………………………………………… 83
####　　4.3.1　激光清洗技术 ……………………………………… 83
####　　4.3.2　超高压水射流清洗技术 …………………………… 87
####　　4.3.3　电磁感应加热除漆技术 …………………………… 88
####　　4.3.4　干冰清洗技术 ……………………………………… 90
4.4　再制造拆解与清洗的典型应用 ……………………………… 91
4.5　再制造拆解与清洗技术发展路线图 ………………………… 93
　　参考文献 ……………………………………………………… 94

第5章　再制造损伤检测与寿命评估技术及其应用 ……………… 98

5.1　再制造损伤检测与寿命评估的概念与内涵 ………………… 98
5.2　再制造损伤检测技术 ………………………………………… 101
####　　5.2.1　宏观缺陷检测技术 ………………………………… 101
####　　5.2.2　隐性损伤检测技术 ………………………………… 104
5.3　再制造寿命评估技术 ………………………………………… 108
####　　5.3.1　再制造毛坯的寿命评估 …………………………… 108
####　　5.3.2　再制造零件的寿命评估 …………………………… 110
5.4　再制造检测评估的典型应用 ………………………………… 112
####　　5.4.1　曲轴再制造毛坯损伤检测 ………………………… 112
####　　5.4.2　航空发动机涡轮叶片损伤评估 …………………… 114

5.5　再制造损伤检测与寿命评估技术发展路线图 ………………………… 116

参考文献 …………………………………………………………………… 116

第6章　再制造成形与强化技术及其应用 ………………………………… 119

6.1　再制造热喷涂技术 ………………………………………………… 119

6.1.1　超声速等离子喷涂技术 …………………………………… 120

6.1.2　超声速火焰喷涂技术 ……………………………………… 121

6.1.3　高速电弧喷涂技术 ………………………………………… 123

6.1.4　冷喷涂技术 ………………………………………………… 124

6.2　再制造堆焊与熔覆技术 …………………………………………… 126

6.2.1　等离子熔覆技术 …………………………………………… 126

6.2.2　激光熔覆技术 ……………………………………………… 128

6.2.3　类激光高能脉冲精密冷补技术 …………………………… 130

6.3　再制造表面形变强化技术 ………………………………………… 131

6.3.1　滚压再制造表面形变强化技术 …………………………… 132

6.3.2　高速喷丸再制造表面形变强化技术 ……………………… 135

6.3.3　超声冲击再制造表面形变强化技术 ……………………… 137

6.4　再制造磁场强化技术 ……………………………………………… 139

6.4.1　再制造磁场强化技术的基本原理 ………………………… 139

6.4.2　再制造磁场强化技术对性能的改善 ……………………… 142

6.4.3　再制造磁场强化技术的典型应用 ………………………… 144

6.5　再制造成形与强化的典型应用 …………………………………… 147

6.6　再制造零件成形技术路线图 ……………………………………… 150

参考文献 …………………………………………………………………… 151

第4篇　再制造行业篇

第7章　汽车零部件再制造 …………………………………………………… 159

7.1　汽车零部件再制造概况 …………………………………………… 159

- 7.2 汽车零部件再制造产业现状 ……………………………………… 160
  - 7.2.1 国外汽车零部件再制造产业现状 ……………………… 160
  - 7.2.2 国内汽车零部件再制造产业现状 ……………………… 161
- 7.3 汽车零部件再制造运营模式和企业 …………………………… 163
- 7.4 我国汽车零部件再制造发展趋势和挑战 ……………………… 165
  - 7.4.1 发展趋势 ……………………………………………… 165
  - 7.4.2 发展困难和挑战 ……………………………………… 166
- 参考文献 …………………………………………………………… 167

第8章 工程机械再制造 …………………………………………… 170

- 8.1 工程机械再制造概况 …………………………………………… 170
- 8.2 工程机械再制造产业现状 ……………………………………… 171
  - 8.2.1 国外工程机械再制造产业现状 ………………………… 171
  - 8.2.2 国内工程机械再制造产业现状 ………………………… 171
- 8.3 工程机械再制造运营模式和企业 ……………………………… 173
- 8.4 工程机械再制造发展趋势和挑战 ……………………………… 174
  - 8.4.1 发展趋势 ……………………………………………… 174
  - 8.4.2 发展困难和挑战 ……………………………………… 175
- 参考文献 …………………………………………………………… 176

第9章 矿山机械再制造 …………………………………………… 178

- 9.1 矿山机械再制造概况 …………………………………………… 178
- 9.2 矿山机械再制造产业现状 ……………………………………… 179
  - 9.2.1 国外矿山机械再制造产业现状 ………………………… 179
  - 9.2.2 国内矿山机械再制造产业现状 ………………………… 179
- 9.3 矿山机械再制造运营模式和企业 ……………………………… 180
- 9.4 矿山机械再制造发展趋势和挑战 ……………………………… 180
  - 9.4.1 发展趋势 ……………………………………………… 180
  - 9.4.2 发展困难和挑战 ……………………………………… 182

参考文献 ……………………………………………………………… 183

第5篇 再制造产业发展前景篇

第10章 我国再制造产业示范基地和产业集聚区建设 …………… 187

10.1 再制造产业示范基地和产业集聚区建设历程 ……………… 187
10.2 再制造产业示范基地和集聚区概况 ………………………… 189

  10.2.1 长沙(浏阳、宁乡)国家再制造产业示范基地 ……… 189
  10.2.2 上海临港再制造产业示范基地 ………………………… 189
  10.2.3 张家港国家再制造产业示范基地 ……………………… 190
  10.2.4 彭州航空动力产业功能区 ……………………………… 190
  10.2.5 马鞍山市雨山经济开发区 ……………………………… 191
  10.2.6 合肥再制造产业集聚区 ………………………………… 191
  10.2.7 河间市京津冀国家再制造产业示范基地 ……………… 191

  参考文献 ……………………………………………………………… 192

第11章 再制造产业发展前沿动向 …………………………………… 194

11.1 推动数字化、智能化再制造发展 …………………………… 194
11.2 加速探索动力电池再制造技术 ……………………………… 197
11.3 开发自贸区保税再制造产业新模式 ………………………… 200

  11.3.1 我国自贸区保税维修和再制造战略部署 ……………… 200
  11.3.2 自贸区概况 ……………………………………………… 201

  参考文献 ……………………………………………………………… 207

第1篇 总括篇

第1章 再制造的现状

1.1 再制造的内涵与意义

1.1.1 再制造的内涵

20世纪80年代,美国波士顿大学学者Robert T. Lund首次对"再制造"进行了阐述,即将失效、报废或换购的旧件恢复到新品品质的过程[1]。然而,由于不同国家和地区在发展需求和技术手段上存在差异,国际上对再制造的工业流程、关键技术种类以及产品归类方法尚未形成统一的标准。尽管如此,再制造技术通过节能省材的方式"修旧胜新、变废为宝"对社会经济发展和环境保护起到积极的推动作用已成为国际共识。

1999年,徐滨士院士首次在国内提出"再制造"理念[2],即以机电产品全寿命周期设计和管理为指导,以废旧机电产品实现性能跨越提升为目标,以优质、高效、节能、节材、环保为准则,以先进技术和产业化生产为手段,对废旧机电产品进行修复和改造的一系列技术措施或工程活动的总称(图1-1)。概括来说,再制造就是废旧机电产品高技术维修的产业化[3]。

GB/T 28619—2012《再制造 术语》将再制造定义为,对再制造毛坯进行专业化修复或升级改造,使其质量特性不低于原型新品水平的过程[4]。其中,质量特性包括产品功能、技术性能、绿色性和经济性等。再制造过程一般包括再制造毛坯的回收、检测、拆解、清洗、分类、评估、修复加工、再装配、检测、标识和包装等。

图1-1 再制造流程示意图

对于工业化程度较高的欧美国家,其再制造是在原有制造技术体系和工业的基础上发展起来的,主要以"扔旧换新、修磨尺寸"为手段,虽然具有一定的节能、环保效益,但依然存在旧件利用率较低、修复局限性大等缺点。相比之下,我国的再制造是在维修工程、表面工程的基础上发展起来的,主要以"修复旧件和改造升级"为手段,能有效保留旧件的剩余价值,减少资源和能源的消耗,具有极大的经济效益和环境效益。

1.1.2 再制造在循环经济发展中的作用

拥有充足的资源和能源是一个国家兴起的必要条件。美国等发达国家的发展都是以消耗大量资源和能源为代价的。据全球碳排放项目(Global Carbon Project)统计,美国累计碳排放量约为中国的2倍,欧盟约为中国的1.5倍[5-7](图1-2)。

我国工业化起步较晚,但在政策的大力推动下,近几十年来发展迅速。然而,以环境为代价的发展模式所导致的碳排放量大、资源消耗过度也成了制约我国社会经济发展的一大隐患。传统制造业就是以矿石资源作为主要支撑的代表性产业,我国绝大多数的矿石资源都严重短缺,据美国地质调查局统计:铜、铁、铝矿石的世界储量分别为8.8亿吨、1800亿吨、320亿吨,而我国分别只占世界储量的3%、11.1%、13.1%;铜、铁、铝矿石的全球年产量分别为0.21亿吨、26亿吨、1.4亿吨,我国年消耗量占世界年产量的47%、53%、56%[8]。另外,随着我国经济的迅猛发展,温室气体排放问题日益凸显。2020年,我国二氧化碳排

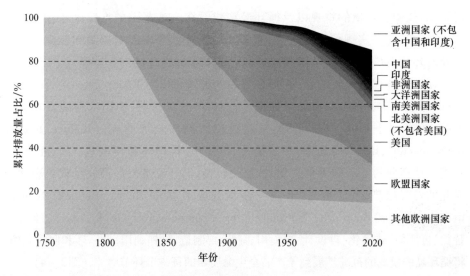

图 1-2 全球累计碳排放量占比[7]（见彩图）

放量约 100 亿吨，约占全球二氧化碳排放量的 30%，是美国二氧化碳排放量的 2 倍，欧盟的 4 倍[7]（图 1-3）。在全球倡导可持续发展的大环境下，我国允诺国际社会力争实现 2030 年碳达峰、2060 年碳中和的"双碳"目标。如何有效推进循环经济建设，实现低碳绿色社会，是我国未来发展的重心。

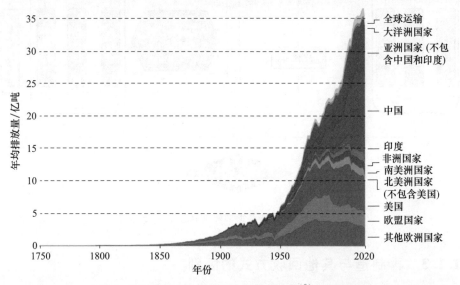

图 1-3 全球二氧化碳年均排放量趋势[7]（见彩图）

再制造作为一种高效、节能、节材、环保的先进制造技术，其兴起与世界各国对资源、能源和环境的重视以及循环经济建设在全球范围的推广紧密相关。进入21世纪,为了实现可持续发展,减缓人类经济社会发展对资源和能源的浪费以及对环境造成的破坏,全球不同地区尝试了多种循环经济发展模式。

循环经济理论诞生的初期,形成了较为笼统的3R(Reduce,Reuse,Recycle)原则,即减量化、再使用、再循环原则[9-12]。21世纪初期,中国工程院院长徐匡迪院士结合中国国情,提出了关于建设我国循环经济的4R(Reduce,Reuse,Remanufacture,Recycle)原则,即减量化、再使用、再循环和再制造[13]。近年来,随着全球产业的发展向着信息化、智能化转型,循环经济发展模式呈现出更加多元化的发展趋势,有学者将4R进一步细分成了10R(Refuse,Rethink,Reduce,Redesign,Reuse,Refurbish,Remanufacturing,Repurpose,Recycle,Recover),即服务替代、再评估、减量化、再设计、再使用、翻新、再制造、阶梯利用、再循环和回收利用,将循环经济模式的范畴扩展到了产品全生命周期的每一个环节[14-15](图1-4)。

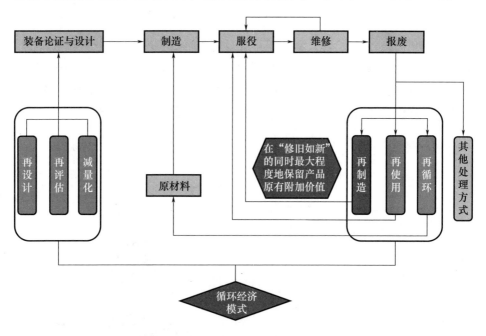

图1-4 再制造是循环经济建设的重要环节

1.1.3 再制造与其他回收方式的区别

再制造与再使用、再循环同属于循环经济模式,也都是节能减排资源化的体现,然而在工程实践中还存在差异。

由于每个产品的零部件的寿命周期长短不同,将能继续服役的零部件从废旧产品中挑选出来再次利用的过程被称为再使用。虽然此方法不需要对零部件进行再次加工,减少了能源和资源消耗,降低了环境污染,然而也无法延长零部件的使用周期或实现性能的提升,零部件的剩余价值与新品相比已有所损耗。

再循环的基本技术途径是通过回炉重熔使废旧产品或失效零件回归到初级材料的原始状态,原先注入零件制造时的能源价值和劳动价值等附加值全面丢失。由于回炉后所获得的产品只能作为原材料使用,而且在回炉及以后的成形加工中又要消耗能源,因此回炉重熔是一种较低效的再利用手段。

同时,再制造也不同于维修。维修主要是针对出现故障的在役产品,常具有随机性、原位性和应急性。维修多以换件为主,辅以小批量的零部件修复使产品在使用阶段能保持其良好技术状况及正常运行。维修的技术标准相对简单,维修后的产品多数在质量、性能上难以达到新品水平,且无法批量生产。再制造是将大量同类的报废产品回收到工厂拆卸后,按零部件的类型进行收集和检测,以有剩余寿命的报废零部件作为再制造毛坯,利用高新技术对其进行批量化修复、性能升级,所获得的再制造产品在技术性能上和质量上都能达到甚至超过新品水平。此外,再制造是规模化的生产模式,有利于实现自动化和产品的在线质量监控,有利于降低成本、降低资源和能源消耗、减少环境污染,能以最小投入获得最大经济效益。

1.2 世界再制造发展概况

1.2.1 北美

1. 美国

美国的再制造产业在20世纪40年代初见雏形,在第二次世界大战期间由于原材料和能源的短缺,再制造产业被推向了新的高度[16]。在过去的50多年间,随着美国高端制造技术的不断突破,以及美国政府对环境保护和可持续发展的长期重视,美国再制造产业得到了迅猛发展,其产业规模稳居全球之首。

据美国国际贸易委员会(U.S. International Trade Commission)统计,2009—2011年,美国再制造产品数量增加了15%,产品总值达到了430亿美元,出口额也从2009年的75亿美元增长到2011年的117亿美元。再制造产业为美国提供了18万个工作岗位并支撑了5000多家中小型再制造企业,其中汽车零部件、航天航空和工程机械等领域占全美再制造产值的 2/3 以上[17]。至 2017 年,美国再制造产业估值达 1000 亿美元,再制造已深入美国工程机械、电子电器设备、医疗器械、汽车零部件、办公设备、餐饮用具、重型设备、航天航空以及旧轮胎等 10 多个领域(图 1-5)。除了传统行业外,国防军工也是美国再制造的重要支柱,美军各类武器装备的再制造项目常年保持高昂的经费预算。在技术层面,再制造信息化系统软件的研发、再制造技术标准和规范的制定、自动化检测流程的优化、低成本增材制造、高端表面清洗技术、无损检测技术、电子零部件状态评估则是美国未来将要重点实现突破的几个方向[16]。

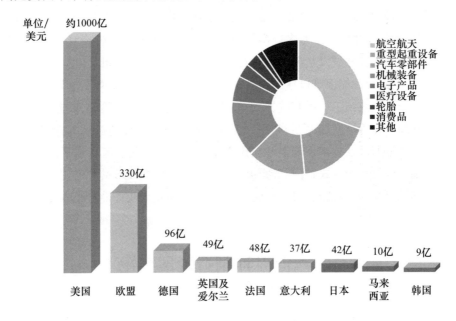

图 1-5 美国再制造产业规模及各再制造行业产值占比(见彩图)

美国自 20 世纪 90 年代起,筹建了一系列再制造科研机构,如 1991 年由罗切斯特理工学院、联邦实验室以及再制造企业联合建立的再制造与资源恢复中心(以下简称中心)(Center for Remanufacturing and Resource Recovery,C3R)致力于再制造产业技术发展,专注于再制造技术的研发与应用推广,为相关企业和政府机构提供技术援助,制定发展规划和决策方案。作为全美最有名的再制造科研单位,中心积极筹划参与了多个再制造产业项目。2017 年,中心深度调研了美国再制造产业的现状,结合美国再制造技术的发展特点编写了《美国再制造技术发展路线图》。该发展路线图总结了美国再制造产业发展和技术突破所面临的挑战和机遇,为美国再制造企业寻求未来市场发挥了积极的引导作用。中心还牵头组建了美国制造联盟(Manufacturing USA)的第14个研究所——节能减排研究所(Reducing Embodied - Energy and Decreasing Emissions,REMADE Institute),该所隶属于美国能源部,致力于研发前沿的可持续制造技术,推广回收、再制造理念,加速循环经济建设。中心还培养了一支具备现代再制造技术理论和实践经验的技术团队,以线上和线下的方式为再制造企业提供专家讲座和技术服务,内容包括但不限于:再制造基础理论、再制造设计、再制造评估、增材再制造、清洗技术等,同时还可根据企业自身需求量身定制发展规划,为企业员工提供实践培训[18]。中心与美国军方也有密切合作,如图1-6所示,美军LVA-25轻型装甲步兵战车由于使用环境等因素传动轴腐蚀问题严重,大修中更换率高达75%。中心为美军提供了传动轴再制造的解决方案,将原先的每根传动轴6000美元的更换成本大幅减少至每根40美元的再制造成本。通过再制造,战车因维修造成的停用时间可缩短500天,且使用寿命比原件提升40%[19]。

(a) 装甲步兵战车

(b) 战车传动轴

图1-6 美军LAV-25轻型装甲步兵战车及战车传动轴[19]

再制造工业委员会(Remanufacturing Industries Council,RIC)最早成立于1993年,成立之初起名为国际再制造工业委员会(Remanufacturing Industries Council International,RICI),随着2001年和2012年两次改组,RIC的业务范围逐渐延伸到技术研发、政策制定以及企业运营管理等再制造的各个领域,并形成了以卡特彼勒(Caterpillar)、康明斯(Cummins)、戴维斯办公用品(Davies Office)等业界知名企业为核心的产业联盟。2016年,再制造工业委员会联合美国国家标准协会(American National Standards Institute,ANSI)发布了美国唯一一部再制造标准指南《再制造流程技术标准》(Specifications for the Process of Remanufacturing,ANSI/RIC001.1—2016)。2018年,再制造工业委员会组织发起了第一届"再制造宣传日"(Reman Day),在17个国家举办了127场活动,参与的企业和业界代表横跨航天航空、汽车零部件、工程机械、医疗等十多个领域,为全球范围内促进再制造产业发展及提升消费者对再制造认知起到了积极作用。目前,已有包括卡特彼勒公司、康明斯公司、美国通用电气公司、诺基亚公司、罗切斯特理工学院、德克萨斯大学达拉斯分校等40家企业和科研机构加入再制造工业委员会[20]。

另外,1941年在美国洛杉矶市成立的汽车零部件再制造协会(Automotive Parts Remanufacturers Association,APRA)经历80多年的发展,成为了拥有近千名会员的全球汽车零部件再制造组织,为业界提供绿色、可持续的再制造技术和方案,积极推动汽车零部件再制造的技术创新和产品推广[21]。美国国家航空航天局(NASA)在探索高端再制造技术领域也有所贡献。早在2014年美国国家航空航天局就开展了太空环境下航天设备零部件的回收和再制造的研究项目,并与Made In Space公司合作,研发了可在太空环境下实现ABS塑料材质零部件3D打印的设备,为航天设备零部件现场再制造提供了解决方案[22]。

在政策方面,2017年美国国际开发署(U. S. Agency for International Development,USAID)启动了"扩大可再生能源规模"项目(Scaling Up Renewable Energy Program),指出应将再制造作为促进循环经济建设的新型有效商业模式[23]。

美国国家环境保护局(U. S. Environmental Protection Agency,USEPA)先后于2019年11月和2021年11月,发布了《国家回收战略:循环经济建设第一部分》(The National Recycling Strategy:Part One of a Series on Building a Circular Economy)和《推进美国资源回收系统的国家框架》(National Framework for Advancing the U. S. Recycling System)两部报告。两部报告均指出,再制造技术是资源回收利用的主要手段,应通过再制造促进美国循环经济建设[24-25]。

美国政府虽然大力提倡再制造,但与再制造相关的现有法律法规较少。2015年10月,时任美国总统的奥巴马签署了《联邦车辆维修成本节约法案2015》(Federal Vehicle Repair Cost Savings Act of 2015),鼓励所有联邦机构使用再制造汽车零部件,标志美国通过立法的形式认可和推广再制造。2016年,美国国家标准协会(ANSI)联合再制造工业委员会(RIC)批准通过了《再制造流程技术标准》(Specifications for the Process of Remanufacturing),为美国再制造产业的规范化发展提供了指南和依据,也是美国国内唯一一部针对再制造的技术标准,该标准每5年更新一次,新一轮的修订已于2022年完成[26]。

2. 加拿大

2021年,Oakdene Hollins and Dillon研究所发布了《加拿大再制造产业及其他循环经济方式的社会、经济和环境调研总结报告》(executive summary of the socio-economic and environmental study of the Canadian remanufacturing sector and other value-retention processes in the context of a circular economy),以加拿大再

制造产业现状为主要研究目标,系统地梳理了加拿大循环经济建设进展以及相关的社会、经济和环境效益。该报告显示,加拿大再制造产业涉及航天航空、汽车零部件、工程机械、办公家具、船舶海运以及一部分工业机械。2019年,加拿大资源再利用产值达560亿加币,提供了38万个工作岗位,其中约10%的产值来源于再制造行业。航天航空作为加拿大经济增值的重要组成部分,其再制造零部件销量约占市场总销量的20%;汽车零部件再制造作为近年来加拿大主要发展和推广的领域,其再制造零部件销量约占市场总销量的1.5%,依然有巨大的提升空间;工程机械再制造零部件销量占市场总销量的10%,另外电子设备、家用电器、工程机械、船舶和铁路交通等领域的再制造产品销量市场份额占比为1%~4%[27]。

1.2.2 欧洲

在大力推崇绿色经济、低碳生活的背景下,欧洲各国也较早地开始了再制造产业的规划和发展。据统计,以德国、法国、意大利以及英国(及爱尔兰)为代表的欧洲四国(地区)占整个欧洲再制造产值的近70%。

欧洲再制造政策制度建立较早,也相对完善。以汽车行业为例,2000年欧盟通过了《报废车辆指令》(Directive on End-of-life Vehicles),鼓励报废汽车零部件的再利用,对报废车辆建立成套的回收循环利用体系,要求至2006年,报废汽车中的材料回收率达到80%。2003年,欧盟出台了《报废电子电器设备指令》(Directive on Waste Electrical and Electronic Equipment,WEEE),并于2012年进行了修改和完善。该指令鼓励对欧盟增速最快的废物来源——电子电器产品的回收与再利用,并对相关废品的再利用、再循环和再使用制定了指导政策和标准。2018年,欧盟对原《废物指令》(Directive on Waste)进行了修订,在新增条例中明确指出要大力鼓励再制造产品的使用,激励再制造技术的研究和创新工作。

欧盟"地平线2020"计划(Horizon 2020)中的欧洲再制造网络项目(The European Remanufacturing Network)为欧盟国家再制造产业的发展制定了路线并分析了欧洲再制造产业取得突破进展所将面临的障碍和挑战。据统计,至2015年,欧盟国家在航天航空、汽车零部件、电子电器设备、办公设备、工程机械、医疗器械、船舶以及铁路交通等领域的再制造产值达300亿欧元(图1-7),建立了7200多家企业,从业人员达19万人[28]。

2015年,欧盟委员会通过《首次循环经济行动计划》(First Circular Economy Action Plan)以促进欧洲从线性经济向循环经济转型。该计划制定了54项相关立法和规划,明确了在2030年和2035年之前要实现垃圾填埋、重复使用和循环利用等目标。2020年3月,为了延续循环经济建设,欧盟委员会发布《新循环经济行动计划》(A New Circular Economy Action Plan),提出加速发展再制造等高端回收技术,完善消费者权益。该计划以推进欧洲绿色可持续发展为主旨,以鼓励企业实施在强化竞争力的同时落实环境保护的发展模式为手段,以实现更清洁且更有竞争力的欧洲为目标,提出了一系列建议和意见,并拟在未来3年推出35项立法措施[29]。

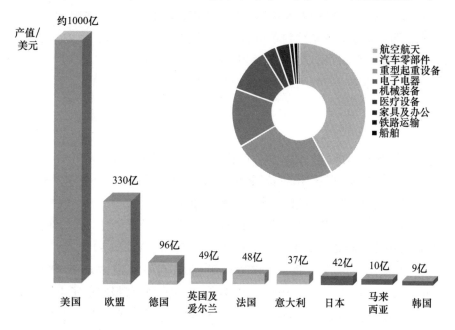

图1-7 欧洲国家再制造产业规模和各再制造行业产值占比(见彩图)

1.2.3 亚洲

1. 日本

受资源和地理环境的限制,日本对废物处理有着严格的规定,在减少制造业在环境污染方面在亚洲范围内是先行者。日本也是最早着手建设循环社会,实行节能减排政策的亚洲国家之一。2003年,日本环境省制订的《循环型社会形成推进基本计划》(Fundamental Plan for Establishing a Sound Material-Cycle Society)以及2004年日本经济产业省提出的《3R计划》(Reduction,Reuse,Recycling),皆在鼓励企业和个人参与资源回收再利用活动。同时,日本也是亚洲国家中最早实施再制造的国家,并一直保持着良好的发展势头。日本从20世纪80年代开始的机床和汽车零部件再制造到近年来工程机械、电子电器设备、办公设备等领域的再制造生产,已形成200多家具备成规模再制造能力的公司企业,2012年再制造产值已达5000亿日元,其中汽车零部件、废旧轮胎、复印机和墨盒等再制造产值占比最高[28](图1-8)。

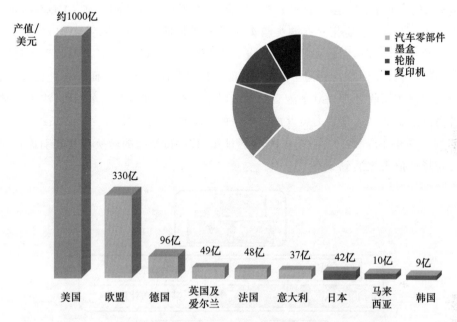

图1-8 日本再制造产业规模和各再制造行业产值占比(见彩图)

日本在再制造领域取得的成就与日本相对完善的循环社会体系和资源回收再利用政策有着密切的关系。立法方面,1967年和1972年,日本分别颁布了《环境污染防治基本法》(Basic Law for Environmental Pollution Control)和《自然环境保全法》(Nature Conservation Law)。1993年,日本政府颁布《环境基本法》(Basic Environmental Law)以替代前两部法律,成为日本建设循环社会的法律基础并沿用至今。2000年,遵照《环境基本法》的基本理念,日本制定了《循环型社会形成推进基本法》(Basic Act on Establishing a Sound Material-Cycle Society),确立了循环型社会法规框架,明确了循环经济社会的基本原则以及国家、地方政府、企业和公众的职责。在此法案框架下,日本政府还制订了《循环型社会形成推进基本计划》(Fundamental Plan for Establishing a Sound Material-Cycle Society),每5年修订一次,并由《废弃物处理法》(Waste Management Law)和《资源有效利用促进法》(Law for Promotion of Effective Utilization of Resources)作为法律支撑。其中,《废弃物处理法》主要内容包括:主动减少废弃物的排出;废弃物的适当处理方法;废弃物处理设施的设置;对于废弃物处理业者规制和废弃物处理标准的制定等。《资源有效利用促进法》的内容主要包括:推进再生资源的再利用体系建设;再利用容器的构造和材质研发;加强回收分类和标识;促进副产物的有效利用等。同时,日本政府还针对个别物品单独制定了回收再利用的相关法律法规。例如,2002年日本国会审议通过《汽车回收再利用法》(End-of-Life Vehicle Recycling Law),规定用户在购买新车时需要缴付回收利用费,并提出汽车厂商需要承担废旧汽车回收和处理的义务,并制定了要达到95%以上回收再利用率的目标。《汽车回收再利用法》是日本政府对汽车回收行业全面综合性的立法,对废旧汽车回收处理设立了配套的基金以给予补贴,同时对汽车回收、汽车零部件再制造企业加大整治力度并施行严格的资格许可制度(图1-9)。2012年,日本汽车零部件再制造产值实现1090亿日元,其中再制造的转换器和起动器在售后市场产值占比达到50%[30-32]。

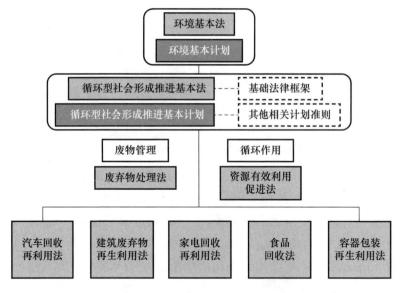

图1-9 日本建设循环社会的法律体系[30]

2013年,日本公布《第3次循环型社会形成推进基本计划》,制定了打造高质量综合性的低碳循环型社会的发展目标。而最新的《第4次计划》于2018年6月发布,相较于前3次计划,最新的《第4次计划》明确表示要强化再制造产业在回收和资源利用领域中的作用,并将再制造技术作为日本循环型社会中长期建设的关键技术之一[33]。

2. 马来西亚

截至2015年,马来西亚的航天航空、汽车零部件、电子电器设备以及墨盒4

个领域的再制造产值约10亿美元(图1-10),每年可减少约3.7万吨的废物处置量以及6.2万吨的二氧化碳排放量[34]。

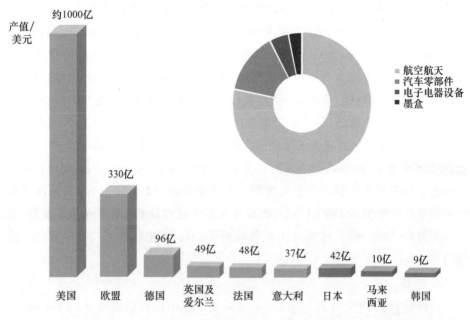

图1-10 马来西亚再制造产业规模和各再制造行业产值占比(见彩图)

汽车零部件再制造是马来西亚再制造产业重要的组成部分。2009年,马来西亚政府对原《国家汽车政策》(National Automotive Policy)进行修订,提出要逐渐减少汽车后市场中进口机动车再制造零部件的占比,并禁止进口刹车片、电池和轮胎。这一政策的出台在打开马来西亚汽车后市场供给缺口的同时有效地为马来西亚国内再制造厂商扩展了市场,为促进马来西亚再制造产业的发展提供了良好的商业环境[35]。2014年,马来西亚政府对《国家汽车政策》做了进一步完善,提出要将汽车产业打造为马来西亚经济发展的支柱产业,同时也强调要加强产业的绿色发展[36]。同年,马来西亚国际贸易和工业部(Ministry of International Trade and Industry, MITI)联合马来西亚汽车协会(Malaysian Automobile Institute)制定了包括《马来西亚汽车技术路线图》《马来西亚汽车供应链发展路线图》以及《马来西亚机动车再制造路线图》(the Malaysia Automotive Remanufacturing Roadmaps, MARR)在内的6部汽车产业发展的路线图。MARR是马来西亚政府发布的首部机动车再制造具体指导文件,内容涵盖再制造定义、关键共性技术应用、从业人员技术培训、产品检验流程以及再制造商品交易规范等多个领域。MARR根据马来西亚汽车再制造行业的发展现状、供应链关系、消费者意愿以及地方政策对当地汽车零部件再制造行业的结构框架和重点发展方向进行了全方位梳理和规划,为推进马来西亚再制造产业的发展提供了宝贵的指导意见,推动了将马来西亚建设成东南亚地区汽车再制造中心的进程[36-37]。

据马来西亚统计局 2017 年发布的《马来西亚可持续发展目标路线图》(Sustainable Development Goals Roadmap Malaysia)显示,马来西亚的可持续发展战略将以《第 11 界马来西亚发展规划》(Eleventh Malaysia Plan)为指导,根据马来西亚国情和国际社会需求,围绕相关设定目标和相关工作,在 2016—2030 年期间以五年为一个阶段,分 3 个阶段有序开展[38]。

在《第 11 界马来西亚发展规划》指导下,马来西亚国际贸易和工业部(MITI)于 2019 年发布了《国家再制造政策》(National Remanufacturing Policy,NRP),极大地促进了马来西亚再制造产业的发展。该政策提出,截至 2030 年,马来西亚国内再制造产值要实现 180 亿马币,提供 1.1 万个工作岗位,并将汽车零部件、电子电器设备、船舶海运、机床及工程机械行业的再制造发展纳入政府重点扶持项目[39]。

3. 韩国

韩国政府于 1995 年颁发的《环境友好型产业结构转型促进法》(Act on the Promotion of the Conversion into Environment – friendly Industrial Structure)历经多次修改,在 2005 年的修订版中明确了再制造的定义,规定了再制造产品范畴,为韩国的再制造发展提供了理论基础和政策依据。最新的促进法对再制造产业给予了更多更详细的鼓励政策,如第 2 章条例 3 中提到应将再制造纳入促进向环境友好型产业结构转化的重点培育产业;第 2 章条例 8 – 2 至条例 8 – 5 分别对再制造产品范畴、再制造产品标识、再制造科研机构的建设和技术研发以及再制造企业的资助政策进行了详细说明;第 2 章条例 10 对再制造产品质量认证检测步骤进行了规定,并鼓励企业和公共机构优先购买通过认证的再制造产品;第 3 章条例 17 建议建立再制造产品信息网络。新促进法的修订在政策制度上为韩国进一步深化再制造产业的发展提供了有力保障。

韩国的再制造产业主要集中在汽车零部件、墨盒等领域,虽然也涉及建筑器材、重型机械、电子电器设备、医疗设备等产品,但市场份额相对较小。2010 年,韩国再制造产值约 6 亿美元,至 2015 年上升至 7 亿美元,5 年总增幅达 16%。其中 80% 来源于汽车零部件再制造,17% 来源于墨盒再制造,然而再制造企业数量和产业从事者人数却分别下降了 26% 和 33%。截至 2017 年,韩国再制造产值突破 9 亿美元,相比 2015 年增幅高达 30%,且在工程机械、建筑器材、电子电器设备等领域实现了突破,其中汽车零部件再制造产值约 7.16 亿美元,墨盒再制造产值约 1.1 亿美元,建筑器材再制造产值约 7000 万美元[28,40](图 1-11)。

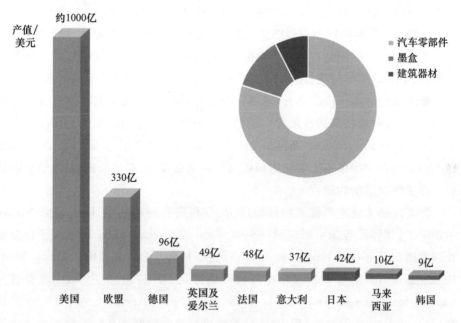

图 1-11 韩国再制造产业规模和各再制造行业产值占比(见彩图)

2021 年,韩国向全球光刻机龙头企业阿斯麦(ASML)提出在韩国建立光刻设备再制造工厂以及设备操作工程师培训中心,用于负责光刻机零部件的维修和 EUV 收集器的清洗工作,项目计划于 2025 年完成。这一举动也体现了韩国政府对于高精尖设备领域再制造技术的重视[41]。

4. 印度

据联合国经济和社会事务部(United Nation Department of Economic and Social Affairs,UNDESA)预测,印度人口总数将于 2023 年超越中国成为全球人口最多的国家,到 2030 年,印度人口总数预计将超过 15 亿,全世界人口占比超 15%[42]。庞大的人口数量带来的消费市场需求增长加之相对落后的工业化水平将给仍属于发展中国家的印度带来严重的环境问题,如废弃物处理、温室气体排放等[43-44]。相比于发达国家以及工业实力较强的发展中国家,印度的循环经济建设和再制造产业起步较晚,产业规模尚未成形,相关政策法规制定及市场规范化管理仍处于初级发展阶段[45-46]。

鉴于废弃物回收再利用体系的管理难度和工业化强度,结合印度再制造产业现状,印度的再制造产业发展道路依然存在许多挑战。目前,印度在废旧墨盒及部分信息技术(IT)产品的再制造上表现相对活跃,并成立了印度墨盒再制造和回收商协会(India Cartridge Remanufacturers and Recyclers Association,ICRRA)以推进印度再制造产业发展。总体上,印度国内再制造体系仍相对滞后,对废旧产品还普遍以低端和简易的维修为主要修复手段[45]。虽然印度国内有超过30000家厂商参与了不同形式的墨盒再填充和再制造,然而由于行业管理不规范,产品质量参差不齐,仿品泛滥等问题,仅有70家厂商能达到墨盒再制造行业的标准[47]。

除了墨盒和电子产品之外,印度在汽车零部件和工程机械再制造等领域也展开了探索,包括在班加罗尔设厂进行工程机械再制造的沃尔沃公司以及在珀尔登和浦那运营两家发动机再制造工厂的康明斯公司[48]。以塔塔集团(Tata Group)为代表的印度本土企业也积极参与再制造发展,对发动机、变速箱和启动器进行了再制造的尝试[49]。

为了缓解工业生产带来的环境压力、提高资源利用效率,印度政府于2016年制定了《固体废弃物管理规则》(Solid Waste Management Rules)、《电子废弃物管理规则》(E-waste Management Rules)、《塑料废弃物管理规则》(Plastic Waste Management Rules)等6部废弃物回收管理办法。2017年6月,印度政府智库National Institution for Transforming India Aayog(NITI Aayog)发布《资源效率战略》(Strategy on Resource Efficiency),提出再制造是印度提高资源效率和实现循环经济的有效途径[48]。依据这一战略指导,印度环境、森林和气候变化部(Ministry of Environment,Forest and Climate Change)于2019年7月制定了《国家资源效率政策》(National Resource Efficiency Policy),强调要在循环经济建设过程中贯彻6R原则,即减量化(Reduce)、再使用(Reuse)、回收再利用(Recycle)、翻新再利用(Refurbish)、再设计(Redesign)以及再制造(Remanufacturing),以确保产品价值得到充分发挥。该政策同时还提出实施生产者延伸责任制,对企业员工提供再制造技术、生态设计理念、可回收性实践等必要培训;加速再制造产品的认证体系,大力推广再制造产品;利用调整税收等财政手段,降低二级原材料的价格,激励企业进入再制造、翻新和回收领域等多项具体措施[50]。

虽然印度在发展再制造的道路上仍有诸多困难和挑战,但其优势也相对明显,印度国内劳动力成本相对低廉且充足,同时消费者对产品的价格尤为看重,另外由于经济发展所带来的环境问题日益加剧,政府最终将采取更为绿色环保的可持续发展模式,这些因素都将成为印度再制造产业发展的有效推动力。随着印度工业化程度的提升以及消费者对再制造产品需求的增加,印度将有望在全球再制造产业(图1-12)发展中发挥更大的作用[45,47,51]。

第1章 再制造的现状

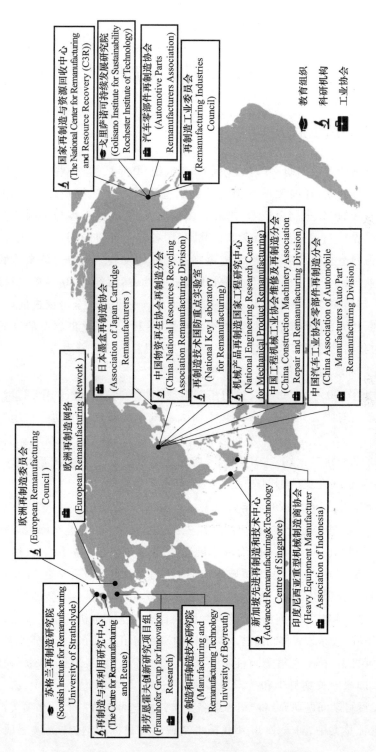

图1-12 世界再制造教育组织、科研机构和工业协会

1.3 我国再制造发展概况

1.3.1 再制造发展历程

我国再制造产业的萌芽阶段起始于20世纪90年代初,一些中外合资的再制造企业相继创立,开展发动机相关的再制造活动。1999年6月,徐滨士院士等在西安召开的"先进制造技术"国际会议上发表了《表面工程与再制造技术》,在国内首次提出"再制造"的概念。自此,我国各部门通过顶层设计、统筹布局,不断完善再制造相关政策法规,促进再制造产业的发展。虽然总体来看我国的再制造产业与欧美发达国家相比仍处于发展初期,然而经过20多年的耕耘,在跃过酝酿、起步两级发展台阶后,我国的再制造产业已进入全力推进的阶段,产业规模不断壮大,技术研发取得重大突破(图1-13)。深化再制造的高质量发展,已成为我国推进循环经济建设,实现"双碳"目标的重要着力点。

1. 萌芽阶段(90年代初至1999年)

自20世纪90年代初开始,我国相继出现一些再制造企业,如中国重汽集团济南复强动力有限公司(中英合资)、上海大众汽车有限公司的动力再制造分厂(中德合资),分别在重型卡车发动机、轿车发动机等领域展开再制造。然而,为了取缔汽车非法拼装市场,2001年国务院第307号令规定旧汽车五大总成一律回炉,切断了这些企业的再制造毛坯来源,产量严重下滑。

2. 酝酿阶段(1999—2005年)

1999年,徐滨士院士在西安召开的"先进制造技术"会议上在国内首次提出"再制造"的概念。同年12月,徐滨士院士应邀在广州召开的国家自然科学基金委员会机械学科前沿及优先领域研讨会上作了"现代制造科学之21世纪的再制造工程技术及理论研究"报告,引起了国家自然科学基金委员会的高度重视,并将"再制造工程技术及理论研究"列为国家自然科学基金机械学科发展前沿与优先发展领域,这标志着再制造技术与理论的研究初步受到了国家的重视和认可。

2003年8月,国家召集全国科研专家,从国家需求、发展趋势、主要科技问题等方面对"国家中长期科学和技术发展规划"进行了论证研究。其中,第三专题《制造业发展科学问题研究》将"机械装备的自修复与再制造"列为19项关键技术之一,在论证草案中,对未来20年我国再制造研究目标归纳为"突破三项技术,

第1章 再制造的现状

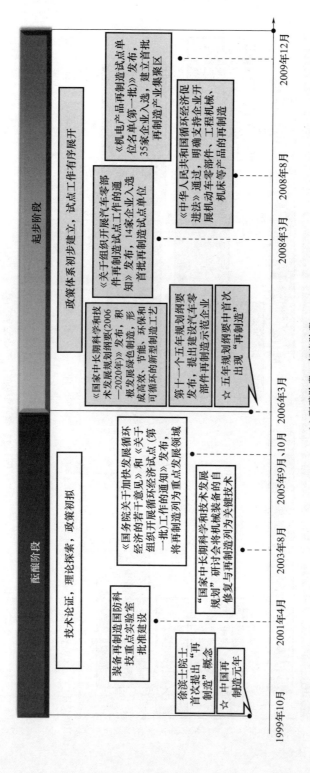

(a) 酝酿阶段、起步阶段

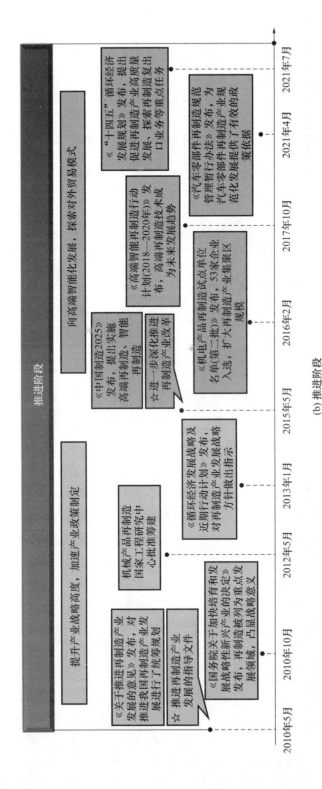

图1-13 我国再制造产业发展历程（b）推进阶段

制定两个标准,建立一个产业"。

2005年9月,国务院发布《国务院关于加快发展循环经济的若干意见》。同年10月,发改委联合环保总局、科技部等5个部门发布《关于组织开展循环经济试点(第一批)工作的通知》,将再制造列为4个重点领域之一,提出大力支持旧机电产品再制造,发展绿色再制造技术、回收处理技术、废物综合利用技术等以提升循环经济技术的支撑和创新能力。

3. 起步阶段(2006—2010年)

2006年3月,"十一五"规划纲要发布,"再制造"首次写入五年规划纲要,标志着再制造正式成为我国国民经济和社会发展的重要支撑力量,为我国再制造产业的起步打下了良好基础。同年3月,国务院发布《国家中长期科学和技术发展规划纲要(2006—2020年)》,提出积极发展绿色制造,加快相关技术在材料与产品开发设计、加工制造、销售服务及回收利用等产品全生命周期中的应用,形成高效、节能、环保和可循环的新型制造工艺,制造业资源消耗、环境负荷水平进入国际先进行列。

2008年3月,发改委发布《关于组织开展汽车零部件再制造试点工作的通知》,组织建设了第一批再制造试点企业,标志着我国对再制造产业化发展开始起步。同年8月,十一届全国人民代表大会第四次会议通过《中华人民共和国循环经济促进法》,其中第四十条明文规定国家支持企业开展机动车零部件、工程机械、机床等产品的再制造和轮胎翻新。

2009年12月,工信部发布《机电产品再制造试点单位名单(第一批)》和《机电产品再制造试点工作要求》,提出要组织建设一批机电产品再制造试点企业和产业集聚区,推动再制造产业化发展。

4. 推进阶段(2010年至今)

2010年5月,发改委联合科技部、工信部等10部委发布《国务院关于推进再制造产业发展的意见》,梳理了我国再制造产业的发展现状,明确了推进再制造产业发展的指导思想和基本原则,指出了重点发展领域和关键技术创新方向,并对建设我国再制造产业支撑体系、完善政策保障措施提出了建议,对我国再制造产业发展进行全面细致的统筹规划,是指导推进我国再制造产业发展的一部重要文件。同年10月,国务院发布《关于加快培育和发展战略性新兴产业的决定》,提出提高资源综合利用水平和再制造产业化水平。将再制造提升全战略性新兴产业,标志着我国对再制造在强化高端制造技术、打造绿色节能环保产业领域中的全新定位。

2013年1月,国家发改委为了指导和推动循环经济发展,实现"十二五"规划纲要中提高资源产出率的重要社会经济目标,编制了《循环经济发展战略及近期行动计划》,对我国的再制造产业发展做出了明确指示:在稳步发展再制造产业同时,支持建设再制造产业示范基地,促进产业聚集发展,并做好再制造企业的专业化、规范化,抓好重点产品再制造的发展方针。行动计划提出,建设5～10个国家级再制造产业示范基地,选择30家左右汽车零部件再制造企业开展示范,在相关行业中选择一批再制造试点单位,培育20家左右再制造专业化服务机构。

2015年4月,为了实施制造强国战略,加强统筹规划和前瞻部署,把握科技革命和产业革命发展交汇之历史机遇,国务院发布《中国制造2025》,提出大力发展再制造产业,实施高端再制造、智能再制造、在役再制造,推进再制造产品认证,促进再制造产业的持续健康发展。这一战略方针的确立加快了我国再制造产业高质量发展的改革步伐。

2016年2月,工信部发布《机电再制造试点企业名单(第二批)》,确定山东临工工程机械有限公司等53家企业和3个产业集聚区为第二批试点单位,以推进机电产品再制造产业化、规范化发展。同年7月,国务院发布《"十三五"国家科技创新规划》,再制造技术被纳入我国技术创新发展规划,并被列为推动制造产业生产模式和产业形态创新,发展智能绿色服务制造技术的关键共性技术。

2017年10月,为了贯彻落实《中国制造2025》《工业绿色发展规划(2016—2020年)》和《绿色制造工程实施指南(2016—2020年)》,加快发展高端再制造、智能再制造,进一步提升机电产品再制造技术的管理水平和产业发展质量。工信部发布《高端智能再制造行动计划(2018—2020年)》,提出到2020年,突破一批制约我国高端智能再制造发展的关键共性技术,在智能检测、成形加工等领域达到国际先进水平,发布50项高端智能再制造相关标准,初步建立可复制推广的再制造产品应用市场化机制等,标志着我国再制造产业迈入高端化、智能化的高质量发展轨道。

2019年4月,国务院发布《报废机动车回收管理办法》,放宽汽车零部件再制造产品范畴,将原先强制回炉的汽车五大总成定位为可再制造的汽车零部件,进一步深化我国汽车零部件再制造产业改革,为汽车再制造企业创造更大的市场。

2021年4月,发改委会同工信部、生态环境部等7部委联合发布《汽车零部件再制造规范管理暂行办法》,为规范汽车零部件再制造市场秩序,保障再制造产品质量,推动再制造产业规范化发展提供了有效的政策依据。同年7月,发改委发布《"十四五"循环经济发展规划》,提出要促进再制造产业的高质量发展,推动再制造技术与装备数字化转型结合,在自贸试验区探索再制造复出口业务,进一步提高再制造产品在售后市场的使用比例,壮大再制造产业的规模,引导形成10个左右再制造产业集聚区,实现再制造产业产值达2000亿元的发展目标。

2022年10月,中国共产党第二十次全国代表大会召开,大会报告明确表示要推动绿色发展,促进人与自然和谐共生,并提出推动产业结构优化调整,构建废弃物循环利用体系,推进各类资源节约利用,加快节能降碳先进技术的研发和推广应用等指导方案,对我国再制造的发展起到了坚定的推动作用。

1.3.2 再制造产业概览

2012年,国务院发布《"十二五"节能环保产业发展规划》,提出"十二五"期间再制造产业突破500亿元;2016年,工信部发布的《工业绿色发展规划(2016—2020年)》及2017年国务院发布的《"十三五"节能减排综合工作方案》提出到2020年我国再制造产业达到1000亿元~2000亿元规模;2021年,发改委发布《"十四五"循环经济发展规划》,提出"十四五"末实现2000亿元规模的目标。汽车零部件再制造是我国再制造的支柱产业,2021年我国汽车零部件再制造企业逾千家,产业总值超500亿元。另外,我国再制造在工程机械、机床、矿山机械、办公信息设备等行业也实现了长足发展(图1-14)。

图1-14 我国主要再制造产品

为了落实我国再制造产业的发展规划,我国确立了重点扶持建设再制造产业集聚区和设立再制造试点企业的发展模式,凝聚力量建设了一批再制造产业的开拓者和引领者,为探索我国再制造产业的发展道路起到了关键作用。我国目前已建成国家级再制造产业示范基地和产业集聚区7个,批准再制造试点企业100多家,国家认证的再制造产品目录包含多达71家企业的10多类200多种产品,相关国家技术规范和国家标准100多项。

以上海市为例,凭借临港再制造产业示范基地及自贸区保税维修和再制造业务,2019年上海市再制造产值达47亿元,比2018年的42亿元涨幅约4.4%,2020年受全球疫情影响,产值虽略有下降,但仍然保持43亿元。全市再制造航空发动机120台,汽车发动机8000台,变速箱3万多个,大型工程机械零部件5000多个,小型工程机械零部件10万多个,各类办公打印设备700万多只,服务器及存储设备2万台,数控机床100台,数控机床电控系统、主轴电机等2万多台[52]。

1.3.3 再制造机构概览

为了加速再制造关键技术的研发和应用,我国集中科研和产业力量组织成立了一批再制造技术研发中心和再制造行业协会。2001年4月,原总装备部批准建设的装备再制造技术国防科技重点实验室是我国第一个国家级再制造研究中心,是探索再制造技术应用创新的先驱。实验室紧密围绕国家再制造产业发展等方面需求,在装备再制造工程设计基础、装备再制造质量控制、装备再制造关键技术等领域开展创新性研究工作。实验室承担国家各部委咨询论证项目、国家科技支撑计划项目、国家自然科学基金重点项目、国家"973"项目和"十一五"装备维修预先研究项目等科研任务,并取得了明显成效,形成了装备再制造工程学科体系框架。

1993年,国务院国资委审批成立了中国物资再生协会,由全国再生资源回收再生利用的专业性公司、工矿企业、废料贸易公司等加工者和贸易商组成,并且包含科研、院校、社会团体和个体等成员,现有1200多个会员单位。其分支机构中国物资再生协会再制造分会成立于2006年10月,是经国务院国有资产监督管理委员会批准、民政部核准登记的非营利性社会经济团体组织,隶属于中国物资再生协会,是我国第一个经政府部门批准成立的再制造行业组织[53]。

经民政部批准,中国汽车工业协会汽车零部件再制造分会于2010年4月在北京成立。它是中国汽车工业协会的产品型分支机构,由在中国境内从事机动车零部件再制造及汽车相关行业生产经营活动的企事业单位和团体组成,现有50多家会员单位和20多家准会员单位,与北美发动机再制造协会(PERA)、国际汽车零部件再制造协会(APRA)、欧洲汽车零部件再制造协会、中国机械工程学会、国家自然科学基金委员会、全国绿色制造技术标准化技术委员会再制造分委员会等国际国内汽车行业组织和许多国家及地区的汽车相关组织建立了密切联系[54]。

2012年5月,发改委批准筹建机械产品再制造国家工程研究中心,主要负责再制造共性关键技术设备研发、再制造科技成果的工程化与产业化、国家再制造产业标准与认证、再制造技术验证与咨询服务、再制造产业化发展规划论证服务等,是探索我国机械产品再制造的产学研用技术创新体系的领军单位。

1.3.4 再制造发展展望

"十四五"是我国开启全面建设社会主义现代化国家新征程的第一个五年,是再制造产业抓住发展机遇的新时期。当前,我国再制造产业核心技术创新能力还需提升,服务保障模式有待完善,产品认可度尚需提高,产业供应链管理现代化水平急需增强。在复杂变化的国内外发展形势下,我国再制造产业应坚定贯彻"十四五"规划纲要指导思想,落实《"十四五"循环经济发展规划》战略方针,充分发挥《"十四五"工业绿色发展》《2030年前碳达峰行动方案》引导作用,加速再制造产业化和规范化发展。深化产业改革也是新时期我国再制造产业发展的关键任务,在信息化智能化再制造领域实现突破创新,实现再制造与人工智能、大数据分析、物联网、5G等新兴技术融合发展,推动高端再制造产业建设,促进中国再制造企业对外开放步伐,为落实我国"双碳"目标、建设绿色和谐社会做出积极贡献。

参考文献

[1] LUND R T. Remanufacturing: The experience of the United States and implications for developing countries[R]. World Bank, United Nation Develop Programme Project Management Report No.2,1985.

[2] 徐滨士,张伟,刘世参,等. 21世纪再制造表面工程[C]//中国科学技术协会学会学术部会议论文集,1999:384-385.

[3] 徐滨士,刘世参,王海斗. 大力发展再制造产业[J]. 求是,2005,12:46-47.

[4] 装备再制造技术国防科技重点实验室,中国重汽集团济南复强动力有限公司,合肥工业大学,等. 再制造 术语:GB/T 28619—2012[S]. 北京:中国标准出版社,2012.

[5] Global Carbon Project. Global carbon budget 2021[EB/OL]. (2021-11-04) [2022-07-15]. https://www.globalcarbonproject.org/carbonbudget/archive/2021/GCP_CarbonBudget_2021.pdf.

[6] ANDREW R M, PETERS G P. Global carbon project's fossil CO_2 emissions dataset[EB/OL]. (20021-10-04)[2022-07-15]. https://figshare.com/articles/preprint/The_Global_Carbon_Project_s_fossil_CO2_emissions_dataset/16729084/1? file=30968575.

[7] RITCHIE H, ROSER M, ROSADO P. CO_2 and greenhouse gas emissions[EB/OL]. (2020-08-01)[2022-07-15]. https://ourworldindata.org/CO2-and-other-greenhouse-gas-emissions.

[8] U.S. Geological Survey. Mineral Commodity Summaries 2022[R]. Reston: U.S. Geological Survey, 2022.

[9] FENG Z, YAN N. Putting a circular economy into practice in China[J]. Sustainability Science, 2007, 2:95-101.

[10] REN Y. The circular economy in China[J]. Journal of Material Cycles and Waste Management, 2007, 9:121-129.

[11] SAKAI S, YOSHIDA H, HIRAI Y, et al. International comparative study of 3R and waste management policy developments[J]. Journal of Material Cycles and Waste Management, 2011, 13:86-102.

[12] SU B, HESHMATI A, GENG Y, et al. A review of the circular economy in China: moving from retoric to implementation[J]. Journal of Cleaner Production, 2013, 42:215-277.

[13] 徐滨士, 等. 装备再制造工程的理论与技术[M]. 北京: 国防工业出版社. 2007.

[14] KIRCHHERR J, REIKE D, HEKKERT M. Conceptualizing the circular economy: an analysis of 114 definitions[J]. Resources, Conservation & Recycling, 2017, 127:221-232.

[15] BAG S, GUPTA S, KUMAR S. Industry 4.0 adoption and 10R advance manufacturing capabilities for sustainable development[J]. International Journal of Production Economics, 2021, 231:107844.

[16] Rochester Institute of Technology. Technology roadmap for remanufacturing in the circular economy[R/OL]. (2017-05-31)[2022-07-15]. https://www.rit.edu/sustainabilityinstitute/public/Reman_Roadmap_2017.pdf.

[17] United States International Trade Commission. Remanufactured Goods: An overview of the U.S. and global industries, markets, and trade[R/OL]. (2012-10-01)

[2022-07-15]. https://www.usitc.gov/publications/332/pub4356.pdf.

[18] Rochester Institute of Technology. Center for remanufacturing and resource recovery [N/OL]. [2022-07-15]. https://www.rit.edu/sustainabilityinstitute/center-remanufacturing-and-resource-recovery.

[19] Rochester Institute of Technology. Flame-spray corrosion solution delivers significant savings for U.S. marines[EB/OL]. [2022-07-15]. https://www.rit.edu/sustainabilityinstitute/success-story/us-marine-corps.

[20] Remanufacturing Industries Council. About RIC[EB/OL]. [2022-07-15]. https://remancouncil.org/about-ric/.

[21] Automotive Parts Remanufacturers Association. What is APRA [EB/OL]. [2022-07-15]. https://apra.org/#/About.

[22] SANDERSON P. NASA to investigate recycling and remanufacturing in space [EB/OL]. (2014-05-13)[2022-07-15]. https://www.rebnews.com/nasa-to-investigate-recycling-and-remanufacturing-in-space/.

[23] U.S. Agency for International Development (USAID). Promoting a circulareconomy [EB/OL]. [2022-07-15]. https://www.usaid.gov/energy/sure/circular-economy.

[24] U.S. Environmental Protection Agency (USEPA). National framework for advancing the U.S. recycling system[R/OL]. (2019-11-01)[2022-07-15]. https://www.epa.gov/sites/default/files/2019-11/documents/national_framework.pdf#:~:text=The%20National%20Framework%20for%20Advancing%20the%20U.S.%20Recycling,collaborative%20effort%20that%20began%20on%20November%2015%2C%202018.

[25] U.S. Environmental Protection Agency (USEPA), 2021. National recycling strategy: part one of a series on building a circular economy for all[R/OL]. (2021-11-15)[2022-07-15]. https://www.epa.gov/system/files/documents/2021-11/final-national-recycling-strategy.pdf.

[26] American National Standards Institute and Remanufacturing Industries Council. RIC001.1-2016:Specifications for theprocess of remanufacturing[S]. Washington D.C.:ANSI, 2016.

[27] Oakdene Hollins and Dillon. Executive summary of the socio-economic and environmental study of the Canadian remanufacturing sector and other value-

retention processes in the context of a circular economy[R/OL]. (2021 – 03 – 14) [2022 – 07 – 15]. https://www.canada.ca/en/services/environment/conservation/sustainability/circular – economy/summary – study – remanufacturing – sector – value – retention – processes. html.

[28] European Remanufacturing Network. Remanufacturing market study[R/OL]. (2015 – 10 – 01)[2022 – 07 – 15]. https://www.remanufacturing.eu/assets/pdfs/remanufacturing – market – study. pdf.

[29] European Commission. A new circular economy action plan for a cleaner and more competitive Europe[R/OL]. (2020 – 11 – 03)[2022 – 07 – 15]. https://eur – lex.europa.eu/legal – content/EN/TXT/? qid = 1583933814386&uri = COM:2020:98:FIN.

[30] Global Environmental Centre. Laws and support systems for promoting waste recycling in Japan[R]. Osaka:Global Environmental Centre,2012.

[31] Ministry of Economics Trade and Industry (METI) of Japan. Report on dismantlers' businesses on automobile recycling(in Japanese)[R/OL]. (2014 – 02 – 01)[2022 – 07 – 15]. http://www.meti.go.jp/policy/mono_info_service/mono/automobile/automobile_recycle/examination/pdf/kaitaichousa. pdf.

[32] MATSUMOTO M,CHINEN K,ENDO H. Remanufactured auto parts market in Japan:historical review and factors affecting green purchasing behavior[J]. Journal of Cleaner Production,2018,172:4494 – 4505.

[33] Ministry of Environment of Japan,2018. Fourth fundamental plan for establishing a sound material – cycle society[R/OL]. (2019 – 03 – 11)[2022 – 07 – 15). https://www.env.go.jp/recycle/recycle/circul/keikaku/pam4_E. pdf#:~:text = The%20Fundamental%20Plan%20for%20Establishing%20a%20Sound%20Material – Cycle, establishment%20of%20a%20sound%20material – cycle%20society%20in%20Japan.

[34] Asia – Pacific Economic Cooperation(APEC), Centre for Remanufacturing and Reuse for Nathan Association Inc. Remanufacturing in Malaysia – An assessment of the current and future remanufacturing industry[C]//48th Market Access Group Meeting,Clark,Philippines,February 1,2015.

[35] NGU H J,LEE M D,OSMAN M S B. Review on current challenges and future opportunities in Malaysia sustainable manufacturing:remanufacturing industries

[J]. Journal of Cleaner Production,2020,273:123071.

[36] YUSOP N M, WAHAB D A, SAIBANI N. Realising the automotive remanufacturing roadmap in Malaysia:challenges and the way forward [J]. Journal of Cleaner Production,2016,112:1910-1919.

[37] Malaysian Automobile Recyclers Association [EB/OL]. [2022-07-15]. http://www.maara.com.my/.

[38] Department of Statistics Malaysia. Sustainable DevelopmentGoals [EB/OL]. [2022-07-15]. https://www.dosm.gov.my/v1/index.php?r=column/cone&menu_id=UFkzK2xjRE04OVVRKzhOeXd6UWk2UT09.

[39] Ministry of International Trade and Industry Malaysia. National Remanufacturing Policy [R]. Kuala Lumpur:Ministry of International Trade and Industry Malaysia,2019.

[40] JUN Y S,KANG H Y,KIM Y C,et al. Introduction of quality certification system for remanufactured products in South Korea [C]//World Remanufacturing Conference. Rochester NY,U.S.A.,September 19,2018.

[41] 张依依. ASML落于韩国 再制造厂能否"四处开花"[N/OL]. 中国电子报,2021-05-19 [2022-07-15]. http://www.cena.com.cn/semi/20210519/111864.html.

[42] United Nation Department of Economic and Social Affairs. World population prospects 2022 summary of results[R/OL]. [2022-07-15]. https://www.un.org/development/desa/pd/sites/www.un.org.development.desa.pd/files/wpp2022_summary_of_results.pdf.

[43] RAFIQ F. Environmental issues and challenges in IndianSmes with reference to leather tannery industry[C]//National Conference on Emerging Challenges for Sustainable Business,Roorkee,India,1663-1684,2012.

[44] United Nation Department of Economic and Social Affairs. Population 2030 demographic challenges and opportunities for sustainable development planning [R/OL]. [2022-07-15]. https://www.un.org/en/development/desa/population/publications/pdf/trends/Population2030.pdf.

[45] RATHORE P,KOTA S,CHAKRABARTI A. Sustainability through remanufacturing in India:a case study on mobile handsets[J]. Journal of Cleaner Production,2011,19(1):1709-1722.

[46] SHARMA V, GARG S K, SHARMA P B. Identification of major drivers and roadblocks for remanufacturing in India[J]. Journal of Cleaner Production, 2016,112:1882-1892.

[47] United Nation Industry Development Organization. India:building back better through remanufacturing[R/OL].[2022-07-15]. https://www.unido.org/stories/india-building-back-better-through-remanufacturing#:~:text=Other%20known%20Indian%20business%20examples%20are%20in%20the,including%20the%20ReCon%20India%20facility%20at%20Phaltan%2C%20Pune.

[48] Ellen Macarthur Foundation. Circular economy in India:rethinking growth for long-term prosperity[R/OL].(2016-12-05)[2022-07-15]. https://ellenmacarthurfoundation.org/circular-economy-in-india.

[49] National Institution for Transforming India Aayog. Strategy Paper on Resource Efficiency[R/OL]. Online source(2022-7-15):https://www.niti.gov.in/writereaddata/files/RE_Steel_Scrap_Slag-FinalR4-28092018.pdf#:~:text=NITI%20Aayog%20has%20developed%20a%20comprehensive%20and%20balanced,combining%20more%20resource%20efficient%20production%20and%20consumption%20approaches.

[50] Ministry of Environment, Forest & Climate Change, Government of India. Draft National Resource Efficiency Policy,2019[R/OL].(2019-07-23)[2022-07-15]. http://www.indiaenvironmentportal.org.in/content/465223/draft-national-resource-efficiency-policy-2019/.

[51] SINGHAL D, TRIPATHY S. Acceptance of remanufactured products in the circular economy:an empirical study in India[J]. Management Decision,2018, 57(4):953-970.

[52] 上海市循环经济协会. 上海市循环经济和资源综合利用产业发展报告(2021)[R/OL].(2021-08-01)[2022-7-15]. https://www.shace.org.cn/newsinfo/1987456.html.

[53] 中国物资协会再制造分会. 分会介绍[EB/OL].[2022-7-15]. http://chinareman.org.cn/list.php?pid=1.

[54] 中国汽车工业协会汽车零部件再制造分会. 分会简介[EB/OL].[2022-7-15]. http://www.remanchina.org/aboutus.asp.

第2篇　再制造政策法规及标准规范篇

　　我国的再制造产业经过20多年的发展，历经萌芽、酝酿、起步、推进等阶段，厚积薄发，取得了瞩目的成就。产业持续稳定的发展离不开政策的扶持和标准的规范。各级政府积极倡导再制造，出台相应制度法规，20年间再制造政策、法律法规、技术标准实现了从无到有的突破。相关政策持续的完善和优化，为加速我国再制造的产业化、规范化建设营造了良好的发展环境。

第 2 章
我国再制造相关政策法规

2.1 顶层设计统筹布局促进再制造产业发展

经过20多年的发展,我国再制造产业在国民经济和社会发展中的地位与作用日益凸显。从"十一五"规划纲要到"十四五"规划纲要,"再制造"已连续4次纳入国家发展规划,充分体现了再制造产业的社会和经济价值以及国家对发展再制造的重视程度。尤其是在"十二五"规划将再制造列为大力发展循环经济的重要内容以来,再制造作为可持续发展的关键环节和推动力量、绿色制造的支撑技术,在国民经济和社会发展中已形成明确的定位(图2-1)。本节将结合"五年规划"从战略部署的角度来回顾再制造产业的发展历程。

2.1.1 "十一五"期间:初步探索制定再制造相关规划

2006年3月"十一五"规划纲要发布,明确提出"建设若干汽车发动机、变速箱、电机和轮胎翻新等再制造示范企业",这是将"再制造"首次纳入国民经济和社会发展五年规划。"十一五"规划期间再制造产业整体仍处于发展的起步阶段,期间国家发展和改革委员会发布《关于组织展开汽车零部件再制造试点工作的通知》,以汽车零部件再制造为切入点,推进我国再制造行业的发展[1]。

2007年12月,发改委发布《高技术产业化"十一五"规划》,提出加速绿色再制造技术的产业化[2]。

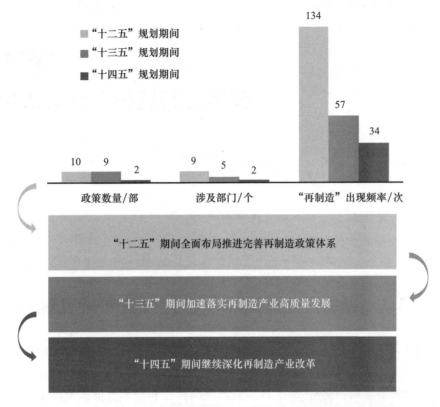

图 2-1 "十二五"至"十四五"期间涉及"再制造"的相关规划数量统计

2010年10月,国务院发布《国务院关于加快培育和发展战略性新兴产业的决定》,是经济和科技发展的重大战略规划。该决定将再制造技术列为七大重点发展领域之一的节能环保产业的关键共性技术[3]。

2.1.2 "十二五"期间:全面布局推进完善再制造政策体系

"十二五"时期是我国大力推进再制造产业发展的时期。在经历再制造产业起步阶段,总结前期发展的成果和不足后,有关部门于2010年先后发布了《关于推进再制造产业发展的意见》和《国务院关于加快培育和发展战略性新兴产业的决定》政策文件,为"十二五"期间制定再制造相关发展规划提供了宝贵的指导意见。2011年3月,"十二五"规划纲要发布,指出要"加快完善再制造旧件回收体系,推进再制造产业发展";"开发应用源头减量、循环利用、再制造、零排放和产业链技术,推广循环经济典型模式",明确大力发展再制造产业的决心。以落实《循环经济促进法》,统筹布局我国再制造产业发展为原则,"十二五"期间制定了诸多规划,涉及"再制造"的各类专项、发展、重点规划达10项,尤其是《绿色制造科技发展"十二五"专项规划》《环保装备"十二五"发展规划》《"十二五"节能环保产业发展规划》和《"十二五"国家战略性新兴产业发展规划》为推进我国再制造产业发展做出了详细部署,填补了我国之前在再制造产业发展上的政策不足,为大力推进再制造产业发展创造了良好的政策环境(图2-2)。

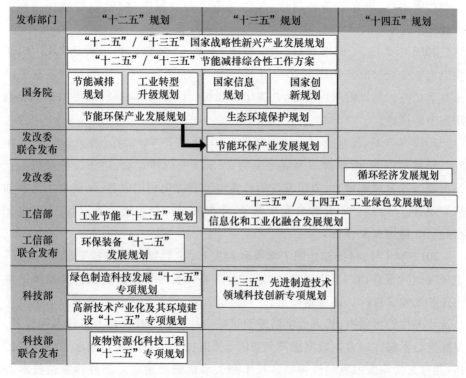

图2-2 "十二五"至"十四五"规划期间"再制造"发展顶层设计

2011年8月,国务院发布《"十二五"节能减排综合性工作方案》,在实施循环经济重点工程项目中提出要加速再制造产业化,建设5个再制造产业集聚区;在加快资源再生利用产业化项目中提出要培育一批汽车零部件、工程机械、矿山机械、办公用品等再制造示范企业,发布再制造产品目录,完善再制造旧件回收体系和再制造产品标准体系,推动再制造的规模化、产业化发展[4]。

2011年12月,国务院发布《工业转型升级规划(2011—2015年)》,以加快转变经济发展方式,着力提升自主创新能力,推进信息化与工业化深度融合,改造提升传统产业。该规划提出发展循环经济和再制造产业,以汽车零部件、工程机械、机床为重点,组织实施机电产品再制造试点,开展再制造产品认定,培育一批示范企业,推广应用表面工程、快速熔覆成形等再制造技术,有序促进再制造产业的规模化发展[5]。

2012年1月,科技部发布《高新技术产业化及其环境建设"十二五"专项规划》,提出针对离散制造企业,围绕绿色设计技术、绿色制造技术、绿色产品开发、回收再制造技术开展科研攻关;开展绿色制造技术和绿色制造装备的推广应用和产业示范,培育装备再制造、绿色制造咨询与服务、绿色制造软件等新兴产业[6]。

2012年2月,工信部发布《工业节能"十二五"规划》,提出截至2015年,规模以上工业增加值能耗比2010年下降21%左右,"十二五"期间预计实现节能量6.7亿吨标准煤的重点任务,并提出加强纺织设备、纺织器材的再制造和再利用的节能措施[7]。

2012年3月,工信部联合财政部发布《环保装备"十二五"发展规划》,提出针对铅酸蓄电池、废矿物油等危险废物、大宗工业固体废物、电子废物及机电产品再制造等重点领域,大力研发废旧铅蓄电池资源化利用设备,废油再生基础油成套设备,工业副产石膏综合利用设备,赤泥脱碱综合利用成套设备,废弃电子产品回收利用成套设备[8]。

2012年4月,科技部会同7部委联合发布《废物资源化科技工程"十二五"专项规划》,重点面向城市矿产、大宗工业固废等废物处理提出了科技发展的重点任务及发展目标。该规划提出,针对大型装备、汽车与工程机械等废旧机电产品及零部件的再制造,将重点突破废旧机电产品核心零部件再制造技术和设备,支撑核心零部件的再制造率提高到80%,关键技术达到国际先进水平的发展目标;并对大功率废旧发动机再制造技术和大型机械贵重核心部件再制造技术的发展和创新提出相应建议[9]。

2012年4月,科技部发布《绿色制造科技发展"十二五"专项规划》,从我国中长期制造业可持续发展的需求出发,推动绿色制造科技整体发展。该规划将再制造基础理论及关键技术、再制造产品寿命预测与安全服役关键技术列为绿色制造基础理论与共性技术的重点发展内容;将工程机械、机床、煤矿机械、汽车关键零部件再制造关键技术和装备发展列为新兴产业技术领域的重点发展内容;并将建立再制造示范企业,培养和引进再制造专业人才作为绿色制造产业示范应用工程和保障措施的重点工作内容[10]。

2012年6月,国务院发布《"十二五"节能环保产业发展规划》,以推动为节约能源资源、发展循环经济、保护生态环境提供物质基础和技术保障的产业。该规划对我国再制造产业发展提出重点推进汽车零部件、工程机械、机床等机电产品再制造;对再制造关键共性技术提出加强旧件无损检测与寿命评估技术、高效环保清洗设备的研发力度,加大纳米颗粒复合电刷镀、高速电弧喷涂、等离子熔覆等关键技术和装备的推广力度;对再制造产业化工程提出完善再制造旧件回收体系,重点支持5~10个国家级再制造产业集聚区和一批重大示范项目;对再制造产业规模提出到2015年实现再制造发动机80万台,变速箱、起动机、发电机等800万件,工程机械、矿山机械、农用机械等20万套,再制造产值达到500亿元等建议[11]。

2012年7月,国务院发布《"十二五"国家战略性新兴产业发展规划》,旨在推进有重大技术突破和重大发展需求且对经济社会全局和长远发展具有重大引领作用的产业。该规划明确提出,大力发展再制造产业,提升汽车零部件及机电产品再制造技术,实施再制造产业化行动,建立再制造产品标识管理制度,建立一批再制造工程(技术)研究中心,形成若干再制造产业集聚区等相关要求[12]。

2012年8月,国务院发布《节能减排"十二五"规划》,提出推进再制造产业化发展[13]。

2.1.3 "十三五"期间:加速落实再制造产业高质量发展

2016年3月,"十三五"规划纲要发布,指出要"规范发展再制造"。这是我国在"十二五"期间推出开展建设再制造产业集聚区和再制造示范单位等措施之后,对再制造产业化、规范化发展提出的新要求和新方向。"十三五"期间,为进一步加强我国再制造产业发展顶层设计,国家各部委以推动循环经济产业发展和高端制造业技术创新为主旋律,发布了以《工业绿色发展规划(2016—2020年)》为代表的9项涉及"再制造"的相关规划。作为高端制造技术和创新型产业,"高端"和"智能"成为"十三五"期间再制造发展的聚焦领域。在实现产业化、规范化发展的同时,建设再制造信息共享平台,实现再制造与大数据、人工智能的融合发展逐步成为我国深化再制造产业改革的新趋势(图2-2)。

2016年6月,工信部发布《工业绿色发展规划(2016—2020年)》,提出围绕传统机电产品、高端装备、在役装备等重点领域,实施高端、智能和在役再制造示范工程,打造若干再制造产业示范区。加强再制造技术的研发与推广,研发应用再制造表面工程、疲劳检测与剩余寿命评估、增材制造等关键共性技术工艺,开发自动化高效解体、零部件绿色清洗、再制造产品服役寿命评估、基于监测诊断的个性化设计和在役再制造关键技术。引导再制造企业建立覆盖再制造全流程的产品信息化管理平台,促进再制造规范健康发展。推进产品认定,鼓励再制造产品的推广应用。围绕航空发动机、燃气轮机、盾构机等大型成套设备及医疗设备、计算机服务器、复印机、打印机、模具等开展高端智能再制造示范。围绕数控机床、透平压缩机等装备实施在役再制造示范。截至2020年年底,再制造产业规模达到2000亿元[14]。

2016年7月,国务院发布《"十三五"国家科技创新规划》,提出发展绿色制造技术与产品,重点研究再设计、再制造与再资源化等关键技术,推动制造业生产模式和产业形态创新[15]。

2016年10月,工信部发布《信息化和工业化融合发展规划(2016—2020年)》,提出推动制造企业开展信息技术、物流、金融等服务业务剥离重组,鼓励合同能源管理、产品回收和再制造、排污权交易、碳交易等专业服务网络化发展[16]。

2016年11月,国务院发布《"十三五"国家战略性新兴产业发展规划》,再次将再制造产业列为国家战略性产业。该规划提出,要加强机械产品再制造无损检测、绿色高效清洗、自动化表面与体积修复等技术攻关和装备研发,加快产业化应用;组织实施再制造技术工艺应用示范,推进再制造纳米电刷镀技术装备、电弧喷涂等成熟表面工程装备示范应用;开展发动机、盾构机等高附加值零部件再制造;建立再制造旧件溯源及产品追踪信息系统,推进再制造产业规范发展。该规划还提倡建立以售后维修体系为核心的旧件回收体系,在商贸物流、金融保险、维修销售等环节和煤炭、石油等采掘企业中推广应用再制造产品;鼓励专业化再制造服务公司提供整体解决方案和专项服务[17]。

2016年11月,国务院发布《"十三五"生态环境保护规划》,提出实施高端再制造、智能再制造和在役再制造示范工程,以推动循环发展[18]。

2016年12月,发改委会同科技部、工信部和环境保护部发布《"十三五"节能环保产业发展规划》,明确了我国再制造技术的重点发展方向。该规划指出要研发推广生物表面处理、自动化纳米颗粒复合电刷镀、自动化高速电弧喷涂等再制造产品表面处理技术和废旧汽车发动机、机床、电机、盾构机等无损再制造技术,突破自动化激光熔覆成形、自动化微束等离子熔覆、在役再制造等关键共性技术。开发基于检测诊断的个性化设计、自动化高效解体、零部件绿色清洗、再制造产品疲劳检测与服役寿命评估等技术。组织实施再制造技术工艺的应用示范[19]。

2016年12月,国务院发布《"十三五"国家信息化规划》,提出在城乡固体废弃物分类回收、主要品种再生资源在线交易、再制造、产业共生平台等领域开展示范工程建设[20]。

2017年1月,国务院发布《"十三五"节能减排综合工作方案》,对促进资源循环利用产业提质升级提出推动汽车零部件及大型工业装备、办公设备等产品再制造。规范再制造服务体系,建立健全再生产品、再制造产品的推广应用机制。鼓励专业化再制造服务公司与钢铁、冶金、化工、机械等生产制造企业合作,开展设备寿命评估与检测、清洗与强化延寿等再制造专业技术服务。继续开展再制造产业示范基地建设和机电产品再制造试点示范工作。支持汽车维修、汽车保险、旧件回收、再制造、报废拆解等汽车产品售后全生命周期信息的互通共享以加快互联网与资源循环利用的融合发展,并将开展再制造产品推广等专项活动作为循环经济重点工程项目的内容。截至2020年年底,再生资源回收利用产业的产值达到1.5万亿元,再制造产业的产值超过1000亿元[21]。

2017年4月,科技部发布《"十三五"先进制造技术领域科技创新专项规划》。该规划是为落实《国家创新驱动发展战略纲要》《国家中长期科学和技术发展规划纲要(2006—2020年)》和《"十三五"国家科技创新规划》,大力推进实施"中国制造2025"国家战略和"互联网+"行动计划,加速推动制造业由大变强的转型升级和跨越发展的专项规划,对我国经济社会发展具有重要的战略意义。该规划提出,再制造作为资源循环利用的核心技术,要突破典型机械装备及零部件智能再制造和流程行业在役再制造关键技术,推动再制造成套技术与装备水平上台阶及产业模式创新,培育形成从旧件到再制造产品的循环产业链,提高再制造效率及其产业附加值[22]。

2.1.4 "十四五"期间:继续深化再制造产业改革

2021年3月,"十四五"规划纲要发布,"再制造"政策与"十三五"规划纲要一致,即继续贯彻落实"规范发展再制造产业"以构建资源循环利用体系。"十四五"期间,我国将继续推进再制造产业的高质量发展,尤其是在新兴的高精尖领域,并结合工业智能化改造和数字化转型以深化再制造产业改革。"十四五"时期我国也广泛尝试再制造产品的复出口业务,标志着我国再制造产业正以走出国门接轨国际的姿态迈向再制造领域的世界先进行列(图2-2)。

2021年7月,发改委发布《"十四五"循环经济发展规划》,提出要促进再制造产业高质量发展,提升汽车零部件、工程机械、机床、办公设备等再制造水平,推动盾构机、航空发动机、工业机器人等新兴领域再制造产业的发展,推广应用无损检测、增材制造、柔性加工等再制造共性关键技术。培育专业化再制造旧件回收企业,支持建设再制造产品交易平台,鼓励企业在售后服务体系中应用再制造产品并履行告知义务。推动再制造技术与装备数字化转型结合,为大型机电装备提供定制化再制造服务。在监管部门信息共享、风险可控的前提下,在自贸试验区支持探索开展航空、数控机床、通信设备等保税维修和再制造复出口业务。加强再制造产品的评定和推广。结合工业智能化改造和数字化转型,大力推广工业装备再制造,扩大机床、工业电机、工业机器人再制造应用范围。支持隧道掘进、煤炭采掘、石油开采等领域企业广泛使用再制造产品和服务。在售后维修、保险、商贸、物流、租赁等领域推广再制造汽车零部件、再制造文办设备,再制造产品在售后市场的使用比例进一步提高。壮大再制造产业的规模,引导形成10个左右再制造产业集聚区,培育一批再制造领军企业,实现再制造产业的产值达到2000亿元。由国家发展和改革委员会、工信部会同有关部门组织实施[23]。

2021年12月,工信部发布《"十四五"工业绿色发展规划》,提出要积极推广再制造产品,大力发展高端智能再制造产业,还提出修订再制造产品认定管理办法,规范发展再制造产业,推动在国家自由贸易试验区开展境外高技术含量、高附加值产品的再制造,大力发展工程机械、重型机床、内燃机等再制造装备等内容[24]。

2.2 立法先行政策牵引推动我国再制造规范化进程

截至2021年年底,我国共有30多部现行有效的再制造规章文件,涉及"再制造"的法律、行政法规、部门规章以及团体和行业政策规定等多达400条(图2-3)。2008年出台的《中华人民共和国循环经济促进法》(于2018年修正)是我国唯一一部对"再制造"做出明确规定的法律,其中第四十条规定"国家支持企业开展机动车零部件、工程机械、机床等产品的再制造和轮胎翻新。""销售的再制造产品和翻新产品的质量必须符合国家规定的标准,并在显著位置标识为再制造产品或者翻新产品。"第五十六条规定对销售没有标识的再制造产品的企业和个人将予以相应的处罚。《中华人民共和国循环经济促进法》是推进我国再制造产业快速发展的法律基石,2009年《中华人民共和国循环经济促进法》生效之后,与再制造相关的政策法规制定频率明显提升。

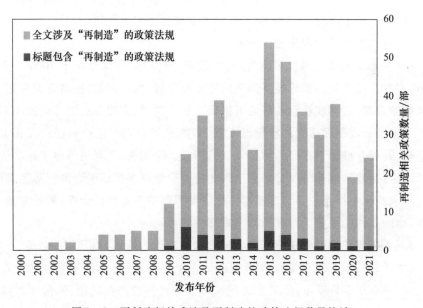

图 2-3　再制造相关或涉及再制造的政策法规数量统计

我国再制造产业发展的20多年中,相关政策法规经历了一个"从无到有,不断完善"的过程,使得我国再制造产业逐渐步入法制化、规范化轨道。以2009年1月1日《中华人民共和国循环经济促进法》生效为时间界限,此前涉及再制造的政策基本与汽车的回收和报废处理相关,对汽车零部件的再制造规章制定进行了探索尝试。2009年之后,我国再制造不仅在汽车零部件再制造方面做了更完善的规章制定,还将规范化发展的理念延伸至工程机械装备再制造等其他领域,开启全面推进各再制造行业的法制化、规范化建设。2021年作为"十四五"规划的起始年,除了"十四五"规划纲要以及与此纲要紧密相关的《"十四五"循环经济发展规划》和《"十四五"工业绿色发展规划》以外,中央和各级政府部门还颁发了多项政策,积极推动和引导我国再制造技术的发展。进入"十四五"时期,诸多政策的出台将再制造和我国实现"双碳"目标、产业高质量发展等国家战略性规划更加紧密地结合起来,标志着我国再制造产业的规范化发展进入了一个新阶段。

2.2.1 2000—2008 年:再制造产业规范化发展探索尝试

1.《报废汽车回收管理办法》以及相关修订

2001年6月,国务院第41次常务会议通过《报废汽车回收管理办法》,主要用于规范报废汽车回收活动,防止报废汽车和拼装车上路行驶,在维护道路交通秩序、保障人民生命财产安全、保护环境方面发挥了积极作用。

2.《汽车产品回收利用技术政策》

《汽车产品回收利用技术政策》由发改委、科技部、环保总局于2006年2月发布,主要为促进我国循环经济体系的建设和发展,保护环境,提高资源利用率,落实科学发展观,实现社会经济的可持续发展。同时,该改革也是推动我国对汽车产品报废回收制度建立的指导性文件,目的是指导汽车生产和销售及相关企业启动、开展并推动汽车产品的设计、制造和报废、回收、再利用等项工作。该政策指出,再制造零部件的质量必须达到相应的质量要求并标明为再制造零部件;同时要求汽车生产企业与汽车零部件生产及再制造企业密切合作;鼓励有技术、设备、检测条件的企业进行废旧汽车零部件的再制造。

3.《关于组织展开汽车零部件再制造试点工作的通知》以及相关政策

《关于组织展开汽车零部件再制造试点工作的通知》由国家发展和改革委员会于2008年3月发布,决定扩大汽车零部件再制造产品的范围,除了继续开展发动机、变速器等再制造工作外,新增了传动轴、机油泵、水泵、助力泵等零部件的再制造资格。该通知还指出,开展专业化的再制造服务试点工作;探索完善可再制造旧件回收和再制造产品销售的渠道,开展相关网络的建设试点;加强再制造相关专业化国产装备的生产和产业化应用。此外还强调,以报废汽车零部件为原料的再制造,应符合国家相关法律法规。再制造产品必须按照法律规定在显著位置标识为再制造产品,对不张贴标识的产品将依法处罚。

与《关于组织展开汽车零部件再制造试点工作的通知》同时发布的还有《汽车零部件再制造试点管理办法》,主要规定了再制造企业应当符合的条件:具备拆解、清洗、制造、装配、产品质量检测等方面的技术装备和生产能力;具备再制造产品的相关技术质量标准和生产规范;具备检测鉴定旧汽车零部件主要性能指标的技术手段和能力;具有污染防止设施和能力,并满足相关废物处理等环境要求;通过第三方的质量管理体系和环境管理体系审核。试点期间,再制造零部件的范围包括发动机、变速器、发电机、转向器、起动机。

2.2.2　2009—2020年:再制造产业规范化发展加速推进

1.《机电产品再制造试点单位名单》及相关通知

《机电产品再制造试点单位名单(第一批)》由工信部于2009年12月发布,第一批名单包括徐工集团工程有限公司、武汉千里马工程机械再制造有限公司、广西柳工机械有限公司等7家工程机械企业单位以及山东泰山建能机械集团公司等7家矿采机械企业单位。同时发布的还有《机电产品再制造试点工作要求》,对机电产品再制造试点单位的工作组织领导、实施方案完善、技术改造力度、管理水平提升、逆向物流体系建设等方面提出了具体要求。2016年初,第一批试点单位通过验收,矿山机械企业中4家单位于2016年通过验收,其中山东泰山建能机械集团公司和胜利油田胜机石油装备有限公司被评为示范单位。为了进一步提升机电产品的再制造技术水平,推动再制造产业的发展,《机电产品再制造试点单位名单(第二批)》由工信部于2016年2月发布,第二批名单包括了芜湖鼎恒材料技术有限公司、安徽博一流体传动股份有限公司、山河智能装备股份有限公司等14家工程机械企业单位。

2.《关于启用并加强汽车零部件再制造产品标志管理与保护的通知》

《关于启用并加强汽车零部件再制造产品标志管理与保护的通知》由发改委和国家工商管理总局于2010年发布,明确要求经过再制造的汽车零部件产品应在产品外观或说明书中标注标志(图2-4),以推进汽车零部件再制造产业的发展。

图2-4　汽车零部件再制造产品标志

3.《报废机动车回收拆解管理条例(征求意见稿)》

2010年7月,国务院法制办公室公布了《报废机动车回收拆解管理条例(征求意见稿)》的通知,主要目的是根据我国发展需求和市场运营状况适当调整报废机动车的回收管理办法,尤其是解决机动车再制造工作的制度障碍,增强资源综合利用和推进循环经济发展,如鼓励汽车再制造企业与回收拆解企业建立长期合作关系,以促进回收拆解环节与再制造环节的有效衔接(第七条第二款);为了提高报废汽车回收利用率,规定回收拆解企业应当采取有利于资源回收利用和再制造的方式拆解报废机动车(第十七条第二款);规定拆解的汽车总成以及其他零配件可以交售给再制造企业(第十八条)等。该条例公布的同时也增强立法工作的透明度,拓宽公众参与立法的渠道。

4.《关于推进再制造产业发展的意见》

2010年5月,发改委会同科技部、工信部等共11个部门联合发布了《关于推进再制造产业发展的意见》,分析了我国再制造产业企业所面临的问题和挑战,树立了推进再制造产业发展的指导思想和基本原则,规划了推进再制造产业发展的重点领域,强调了再制造关键共性技术的创新应用以及再制造产业发展的支撑体系的建设和政策保障措施的落实,对我国再制造产业发展进行了系统、深入的统筹设计。

5.《再制造产品"以旧换再"试点实施方案》

发改委联合财政部、工信部、商务部和质检总局于2013年7月发布《再制造产品"以旧换再"试点实施方案》,以贯彻落实循环经济促进法和国家"十二五"规划纲要精神,按照《循环经济发展战略及近期行动计划》的要求,支持再制造产品的推广使用,促进再制造旧件的回收,扩大再制造产品的市场份额。该方案指出,"以旧换再"是境内再制造产品购买者交回旧件并以置换价购买再制造产品的行为。国家牵头选择汽车零部件等再制造产品,通过"以旧换再"方式开展补贴推广试点,不仅有利于促进再制造旧件的回收,拓展旧件来源,也有利于扩大再制造产品的影响,支持再制造产品的市场推广,实现再制造产业的规模化、规范化发展("以旧换再"试点工作已于2018年1月1日终止)。

6.《国务院关于修改〈报废汽车回收管理办法〉的决定(征求意见稿)》

2016年,国务院发布《国务院关于修改〈报废汽车回收管理办法〉的决定(征求意见稿)》的通知,修改内容包括允许将报废汽车的"五大总成"交售给再制造企业。原《报废汽车回收管理办法》制定之初,为了防止利用旧件进行违法汽车拼装,规定报废汽车"五大总成"作为非金属强制回炉,极大限制了汽车零部件的回收再制造效率和汽车再制造产业的规模发展。新《报废汽车回收管理办法》的出台意味着最具有回收价值的关键汽车零部件可以通过再制造实现有效的回收再利用,节省大量的资源和能源。

7.《报废机动车回收管理办法》

2019年5月,国务院颁布《报废机动车回收管理办法》,明确提出拆解的报废机动车"五大总成"具备再制造条件的,可以按照国家有关规定出售给具有再制造能力的企业经过再制造予以循环利用;不具备再制造条件的,应当作为废金属交售给钢铁企业作为冶炼原料;并对出售不具备再制造条件的报废机动车"五大总成"的报废机动车回收企业给予相应的处罚。新《报废机动车回收管理办法》自2019年6月1日起实施,同时废止2001年公布的《报废汽车回收管理办法》。

2.2.3 2021年至今:再制造产业规范化发展进入新阶段

1.《加快建立全绿色低碳循环发展经济体系的指导意见》

2021年2月,国务院发布《加快建立全绿色低碳循环发展经济体系的指导意见》。该意见在健全绿色低碳循环发展生产体系,推进工业绿色升级过程中提出,要推行产品绿色设计,建设绿色制造体系,大力发展再制造产业,加强再制造产品的认证与推广应用。

2.《汽车零部件再制造规范管理暂行办法》

2021年4月,发改委、工信部、生态环境部、交通运输部、商务部、海关总署、市场监管总局以及银保监会8个部门联合发布了《汽车零部件再制造规范管理暂行办法》,以规范汽车零部件再制造行为和市场秩序,保障再制造产品的质量,推动再制造产业的规范化发展。该暂行办法从企业规范条件、旧件回收管理、再制造生产管理、再制造产品管理、再制造市场管理以及监督管理6个方面对我国废旧汽车零部件的再制造提出了相应的指导准则。该暂行办法对再制造企业的质量管理、生产过程、技术装备、环保设备等方面提出了规范性要求,明确再制造企业是再制造产品的质量责任主体,对再制造企业生产行为的主要环节进行了规范,包括旧件检测鉴定能力、拆解、清洗、制造、装配、产品质量检测等方面技术装备和生产能力,相关废物处理环保要求等。该暂行办法提出了再制造产品的管理规范,明确规定再制造产品应具备与原型新品同样的质量特性,出厂时进行与原型新品同样的检验检测或认证。要求再制造产品的质量应符合原型新品的质量标准,安全标准应不低于国家对机动车零部件原型新品的要求,环保性能应符合国家相关标准要求。该暂行办法从多角度细致分析了我国汽车零部件再制造产业发展的政策需求,以确保我国汽车零部件再制造产业的顺利发展。

3.《汽车产品生产者责任延伸试点实施方案》

2021年6月,工信部、科技部、财政部和商务部4部委发布了《汽车产品生产者责任延伸试点实施方案》,指出要引导汽车生产企业依法自建或合作共建报废汽车逆向回收利用体系,扩大再生材料、再制造产品和二手零部件使用,实现报废汽车拆解产物的高值化利用,提高汽车资源的综合利用效率。鼓励汽车生产企业与研究机构等合作,开展绿色拆解、高附加值利用、再制造等技术研发,突破核心技术。鼓励通过线上交易平台等方式,拓展回用件与再制造件供需信息发布渠道,宣传和推广回用件与再制造件使用。通过企业报告、行业平台、公共网站等定期公开报废汽车拆解、报废汽车零部件资源综合利用及再制造等信息,通过信息化平台收集、监督和管理相关数据。加快再制造等标准的研究制定,提升再制造件的市场认可度。

4.《2030年前碳达峰行动方案》

2021年10月,国务院发布《2030年前碳达峰行动方案》,强调要促进汽车零部件、工程机械、文办设备等再制造产业的高质量发展,加强再制造产品的推广应用。通过再制造等手段实现到2025年废钢铁、废铜、废铝、废铅、废锌、废纸、废塑料、废橡胶、废玻璃9种主要再生资源的循环利用量达到4.5亿吨,到2030年达到5.1亿吨。

表2-1汇总了我国(截至2022年12月)各效力级别标题含"再制造"的政策和政府通知。

表2-1 各效力级别标题含"再制造"的再制造政策法规和政府通知

发布时间	名称	效力级别
2022年9月	工信部公告2022年第19号《再制造产品目录(第九批)》	部门工作文件
2021年4月	发改委、工信部、生态环境部等关于印发《汽车零部件再制造规范管理暂行办法》的通知	部门规范性文件
2020年12月	工信部办公厅关于公布《通过验收的机电产品再制造试点单位名单(第二批)》的通知	部门工作文件
2019年10月	工信部公告2019年第41号《再制造产品目录(第八批)》	部门工作文件
2019年8月	《工业和信息化部办公厅关于做好机电产品再制造试点验收工作的通知》	部门工作文件
2018年1月	工信部公告2018年第3号《再制造产品目录(第七批)》	部门工作文件
2017年10月	工信部关于印发《高端智能再制造行动计划(2018—2020年)》的通知	部门规范性文件

续表

发布时间	名称	效力级别
2017年7月	认监委《关于对国家再制造机械产品质量监督检验中心(山东)授权的通知》	部门规范性文件
2017年4月	国家发展改革委办公厅关于印发第二批再制造试点验收情况的通知	部门工作文件
2016年12月	工信部公告2016年第67号《再制造产品目录(第六批)》	部门规范性文件
2016年5月	发改委办公厅《关于开展第二批再制造试点验收工作的通知》	部门工作文件
2016年2月	工信部关于印发《机电产品再制造试点单位名单(第二批)》的通知	部门工作文件
2016年1月	工信部关于公布《通过验收的机电产品再制造试点单位名单(第一批)》的通告	部门工作文件
2015年12月	《质检总局关于推进维修/再制造用途入境机电料件质量安全管理的指导意见》(原国家质检总局下发)	部门工作文件
2015年11月	工信部公告2015年第77号《再制造产品目录(第五批)》	部门规范性文件
2015年6月	工信部节能与综合利用司关于再制造产品认定申请受理结果的通报	部门工作文件
2015年1月	发改委、财政部、工信部、国家质量监督检验检疫总局公告2015年第1号关于再制造产品"以旧换再"推广试点企业资格的公告	部门规范性文件
2014年12月	《工业和信息化部办公厅关于进一步做好机电产品再制造试点示范工作的通知》	部门规范性文件
2014年7月	工信部公告2014年第50号《再制造产品目录(第四批)》	部门规范性文件
2013年10月	工信部关于印发《内燃机再制造推进计划》的通知	部门工作文件
2013年8月	工信部公告2013年第40号《再制造产品目录(第三批)》	部门规范性文件
2013年2月	《国家发展改革委办公厅关于确定第二批再制造试点的通知》	部门工作文件
2012年4月	发改委公告2012年第8号关于公布汽车零部件再制造试点单位《通过验收的再制造试点单位和产品名单(第一批)》的公告	部门工作文件
2012年3月	工信部节能与综合利用司关于再制造产品认定申请受理结果的通报(2012)	部门工作文件
2011年12月	工信部公告2011年第45号《关于再制造产品目录(第二批)》	部门工作文件
2011年7月	工信部公告2011年第22号《再制造产品目录(第一批)》	部门工作文件

续表

发布时间	名称	效力级别
2011年6月	工信部节能与综合利用司关于再制造产品认定申请受理结果的通报	部门工作文件
2011年1月	工信部《关于组织推荐再制造工艺技术及装备的通知》	部门工作文件
2010年9月	工信部关于印发《再制造产品认定实施指南》的通知	部门规范性文件
2010年6月	工信部关于印发《再制造产品认定管理暂行办法》的通知	部门规范性文件
2010年5月	发改委、科技部、工信部等《关于推进再制造产业发展的意见》	部门工作文件
2010年2月	发改委、工商管理总局关于启用并加强汽车零部件再制造产品标志管理与保护的通知	部门工作文件
2009年12月	《工业和信息化部关于印发〈机电产品再制造试点单位名单(第一批)〉和〈机电产品再制造试点工作要求〉的通知》	部门工作文件

2.3 地方再制造政策

2.3.1 各省、自治区及直辖市再制造产业发展规划

自我国"十一五"规划纲要首次将"再制造"纳入重点发展工作以来,各省和直辖市都积极响应,相继推出有关政策(表2-2)。截至各省、自治区和直辖市的"十四五"规划纲要出台,已有27个省、自治区和直辖市至少一次将"再制造"纳入当地的"五年规划"纲要(图2-5)。其中吉林省"十一五"规划纲要是我国地方政府首次将"再制造"列入地方最高发展规划。"十四五"期间海南省和青海省首次对推进当地再制造产业加速发展进行规划部署,主要聚焦在电子信息产品的再制造、规范发展再制造服务等方面(图2-6)。

表2-2 各省、自治区和直辖市的地方五年规划纲要涵盖"再制造"情况统计

省份	"十一五"规划	"十二五"规划	"十三五"规划	"十四五"规划
吉林	√	√		√
辽宁		√	√	√
山东		√	√	√

续表

省份	"十一五"规划	"十二五"规划	"十三五"规划	"十四五"规划
河南		√	√	√
江苏		√	√	√
上海		√	√	√
湖北		√	√	√
湖南		√	√	√
广东		√	√	√
四川		√	√	√
重庆		√	√	√
河北		√	√	
江西		√	√	
安徽		√		√
广西		√	√	
山西		√		√
甘肃		√	√	
北京		√		
贵州		√		
陕西		√		
宁夏		√		
福建			√	
云南			√	
内蒙古			√	
天津			√	
海南				√
青海				√

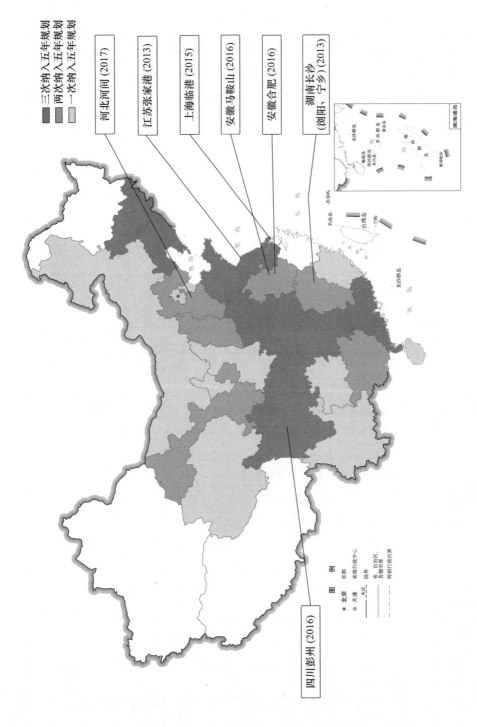

图2-5 将"再制造"列入"十四五"规划纲要的省、自治区和直辖市(见彩图)

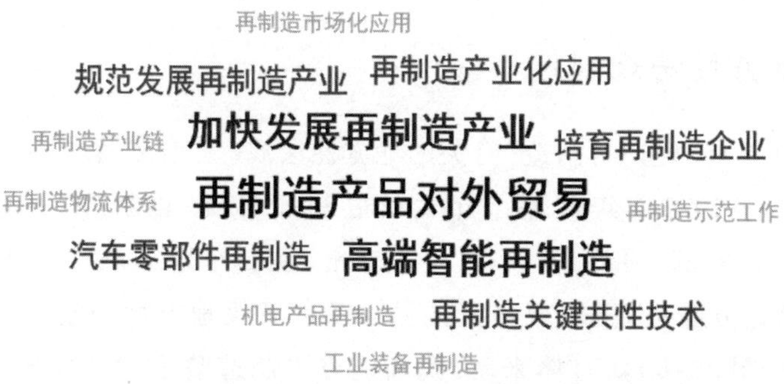

再制造市场化应用
规范发展再制造产业　再制造产业化应用
再制造产业链　**加快发展再制造产业**　培育再制造企业
再制造物流体系　**再制造产品对外贸易**　再制造示范工作
汽车零部件再制造　**高端智能再制造**
机电产品再制造　再制造关键共性技术
工业装备再制造

图2-6 "十四五"规划期间各地区再制造产业发展方向汇总

　　纵观近年来各省对再制造产业发展的规划,部分再制造产业发展较早,基础较好,且拥有自由贸易区和国家级再制造产业试点企业或集聚区的省份,如上海市、湖南省、安徽省、江苏省及四川省等,除了深化再制造产业改革外,还将再制造产品对外贸易列入最新纲要,充分体现了我国再制造产业正在实现向国际化发展的趋势。山西省、河南省、山东省、湖北省、重庆市等拥有再制造试点企业单位的地区,除了推进再制造产业加速发展以外,还将完善再制造产业链、再制造物流体系列入本省规划纲要。而广东省、海南省、青海省、吉林省和辽宁省等再制造产业基础相对薄弱的地区则将重点工作放在了培育再制造企业,发展汽车零部件、机电产品、工业装备等重点行业的再制造以及再制造产业规范化方面(图2-7)。

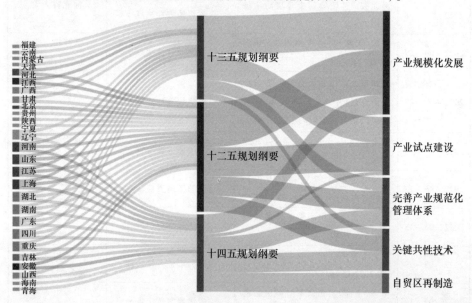

图2-7　各省、自治区和直辖市五年规划再制造重点发展方向(见彩图)

2.3.2 地方性法规制定

自2010年首部与"再制造"有关的地方性法规《大连市循环经济促进条例》发布以来,截至2022年年底,各省市共颁布34部涉及"再制造"的地方性法规,现行有效法规26部,涉及17个省(及直辖市)和6个地级市。2022年,共颁布10部再制造地方性法规(法规修正),其中7部省级地方性法规、3部设区的市地方性法规(图2-8)。总体来看,我国地方再制造政策呈现发展不均匀等问题,政策出台地主要集中在华中、华南和华北部分地区。这一现象也与自贸区和再制造企业分布有关。

我国各省市自治区出台的地方性再制造法规(表2-3)主要基于循环经济促进条例和自由贸易试验区条例,并以加强汽车零部件、工程机械、机床等产品的再制造管理,建立再制造产品质量保障体系,推动开展境内外高技术、高附加值产品再制造业务试点为主要发展方向。

表2-3 地方性再制造法规

发布时间	法规	效力级别	制定机关
2022-11-30	唐山市生态环境保护条例	设区的市地方性法规	唐山市人大(含常委会)
2022-09-28	河北省固体废物污染环境防治条例(2022)	省级地方性法规	河北省人大(含常委会)
2022-09-27	中国(天津)自由贸易试验区条例(2022修正)	省级地方性法规	天津市人大(含常委会)
2022-09-27	天津市人民代表大会常务委员会关于修改《中国(天津)自由贸易试验区条例》的决定(2022)	省级地方性法规	天津市人大(含常委会)
2022-07-29	甘肃省循环经济促进条例(2022修订)	省级地方性法规	甘肃省人大(含常委会)
2022-06-23	武汉市实施《中华人民共和国循环经济促进法》办法(2022修正)	设区的市地方性法规	武汉市人大(含常委会)
2022-05-13	黑龙江省促进中小企业发展条例(2022)	省级地方性法规	黑龙江省人大(含常委会)
2022-03-29	宁波市再生资源回收利用管理条例(2022修订)	设区的市地方性法规	宁波市人大(含常委会)
2022-02-18	中国(上海)自由贸易试验区临港新片区条例	省级地方性法规	上海市人大(含常委会)

续表

发布时间	法规	效力级别	制定机关
2022-01-11	中国(湖南)自由贸易试验区条例	省级地方性法规	湖南省人大(含常委会)
2021-11-24	青海省循环经济促进条例	省级地方性法规	青海省人大(含常委会)
2021-10-27	厦门经济特区生态文明建设条例(2021修正)	经济特区法规	厦门市人大(含常委会)
2021-09-29	江苏省循环经济促进条例(2021修正)	省级地方性法规	江苏省人大(含常委会)
2021-07-29	河北省发展循环经济条例(2021修正)	省级地方性法规	河北省人大(含常委会)
2020-09-29	三明市公共文明行为促进条例	设区的市地方性法规	三明市人大(含常委会)
2020-09-25	中国(山东)自由贸易试验区条例	省级地方性法规	山东省人大(含常委会)
2020-09-24	中国(河北)自由贸易试验区条例	省级地方性法规	河北省人大(含常委会)
2020-09-22	中国(广西)自由贸易试验区条例	省级地方性法规	广西人大(含常委会)
2020-08-31	鹤壁市循环经济生态城市建设条例(2020修正)	设区的市地方性法规	鹤壁市人大(含常委会)
2019-07-31	陕西省循环经济促进条例(2019修正)	省级地方性法规	陕西省人大(含常委会)
2018-09-30	中国(湖北)自由贸易试验区条例	省级地方性法规	湖北省人大(含常委会)
2018-07-25	中国(辽宁)自由贸易试验区条例	省级地方性法规	辽宁省人大(含常委会)
2016-07-22	山东省循环经济条例	省级地方性法规	山东省人大(含常委会)
2013-01-21	广东省实施《中华人民共和国循环经济促进法》办法	省级地方性法规	广东省人大(含常委会)
2012-03-28	甘肃省循环经济促进条例	省级地方性法规	甘肃省人大(含常委会)
2010-08-16	大连市循环经济促进条例	设区的市地方性法规	大连市人大(含常委会)

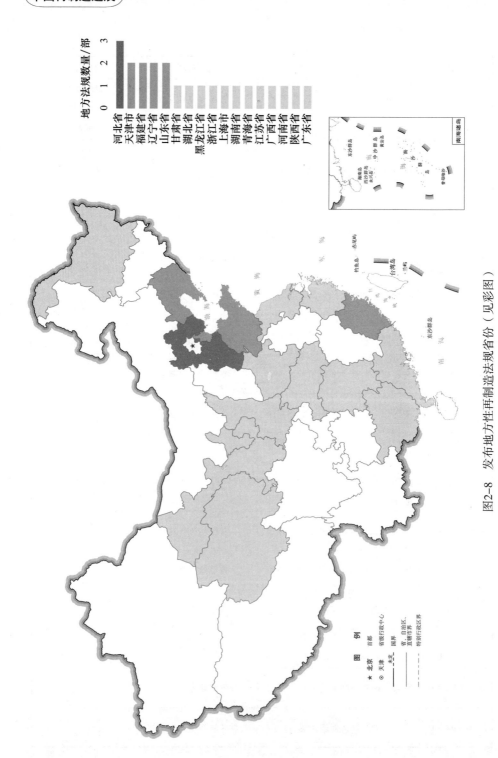

图2-8 发布地方性再制造法规省份（见彩图）

参考文献

[1] 国家发展和改革委员会. 国家发展改革委办公厅关于组织开展汽车零部件再制造试点工作的通知(发改办环资[2008]523号)[EB/OL]. (2008-03-02)[2022-12-01]. https://www.ndrc.gov.cn/xxgk/zcfb/tz/200803/t20080306_964930.html?code=&state=123.

[2] 国家发展和改革委员会. 国家发展改革委关于印发高技术产业化"十一五"规划的通知(发改高技[2007]3662号)[EB/OL]. (2007-12-26)[2022-12-01]. https://www.ndrc.gov.cn/xxgk/zcfb/ghwb/200801/t20080125_962082.html?code=&state=123.

[3] 国务院. 加快培育和发展战略性新兴产业的决定(国发[2010]32号)[EB/OL]. (2010-10-18)[2022-12-01]. http://www.gov.cn/zhengce/content/2010-10-18/content_1274.htm.

[4] 国务院. "十二五"节能减排综合性工作方案(国发[2011]26号)[EB/OL]. (2011-09-07)[2022-12-01]. http://www.gov.cn/zwgk/2011-09/07/content_1941731.htm.

[5] 国务院. 工业转型升级规划(2011—2015年)(国发[2011]47号)[EB/OL]. (2012-01-18)[2022-12-01]. http://www.gov.cn/zwgk/2012-01/18/content_2047619.htm.

[6] 科技部. 高新技术产业化及其环境建设"十二五"专项规划(国科发计[2012]71号)[EB/OL]. (2012-02-23)[2022-12-01]. https://www.most.gov.cn/xxgk/xinxifenlei/fdzdgknr/fgzc/gfxwj/gfxwj2012/201202/t20120227_92753.html.

[7] 工信部. 工业节能"十二五"规划(工信部规[2012]3号)[EB/OL]. (2012-02-27)[2022-12-01]. https://www.miit.gov.cn/jgsj/jns/wjfb/art/2020/art_92874a5e28954473ad00d89d0e28becc.html.

[8] 工信部,财政部. 环保装备"十二五"发展规划(工信部联规[2011]622号).[EB/OL]. (2012-03-01)[2022-12-01]. https://www.miit.gov.cn/jgsj/jns/wjfb/art/2020/art_54e3ed9b606a4effa96edb1bc9d00767.html.

[9] 科技部,发展改革委,工信部,等. 废物资源化科技工程"十二五"专项规划

（国科发计[2012]116号）[EB/OL].(2012-06-18)[2022-12-01]. https://www.most.gov.cn/xxgk/xinxifenlei/fdzdgknr/fgzc/gfxwj/gfxwj2012/201712/t20171228_137289.html.

[10] 科技部.绿色制造科技发展"十二五"专项规划（国科发计[2012]231号）[EB/OL].(2012-04-24)[2022-12-01]. http://www.gov.cn/gzdt/2012-04/24/content_2121187.htm.

[11] 国务院."十二五"节能环保产业发展规划（国发[2012]19号）[EB/OL].(2012-06-29)[2022-12-01]. http://www.gov.cn/zwgk/2012-06/29/content_2172913.htm.

[12] 国务院."十二五"国家战略性新兴产业发展规划（国发[2012]28号）[EB/OL].(2012-07-09)[2022-12-01]. http://www.gov.cn/zwgk/2012-07/20/content_2187770.htm.

[13] 国务院.节能减排"十二五"规划（国发[2012]40号）[EB/OL].(2012-08-06)[2022-12-01]. http://www.gov.cn/zwgk/2012-08/21/content_2207867.htm.

[14] 工信部.工业绿色发展规划（2016—2020年）（工信部规[2016]225号）[EB/OL].(2016-07-11)[2022-12-01]. https://www.miit.gov.cn/jgsj/ghs/gzdt/art/2020/art_d65b801965dc491d80184985833b9e97.html.

[15] 国务院."十三五"国家科技创新规划（国发[2016]43号）[EB/OL].(2016-07-28)[2022-12-01]. http://www.gov.cn/zhengce/content/2016-08/08/content_5098072.htm.

[16] 工信部.信息化和工业化融合发展规划（2016—2020年）（工信部规[2016]333号）[EB/OL].(2016-11-03)[2022-12-01]. https://www.miit.gov.cn/jgsj/ghs/wjfb/art/2020/art_97c8abd5931348358c5b0c80977a0172.html.

[17] 国务院."十三五"国家战略性新兴产业发展规划（国发[2016]67号）[EB/OL].(2016-11-29)[2022-12-01]. http://www.gov.cn/gongbao/content/2017/content_5157170.htm.

[18] 国务院."十三五"生态环境保护规划（国发[2016]65号）[EB/OL].(2016-11-24)[2022-12-01]. http://www.gov.cn/zhengce/content/2016-12/05/content_5143290.htm.

[19] 国家发展和改革委员会,科技部,工信部,等."十三五"节能环保产业发展

规划(发改环资[2016]2686号)[EB/OL].(2016-12-22)[2022-12-01]. http://fgw.beijing.gov.cn/fgwzwgk/zcgk/sjbmgfxwj/gjfgwwj/202004/t20200420_1847539.htm.

[20] 国务院."十三五"国家信息化规划(国发[2016]73号)[EB/OL].(2016-12-15)[2022-12-01]. http://www.gov.cn/zhengce/content/2016-12/27/content_5153411.htm.

[21] 国务院."十三五"节能减排综合工作方案(国发[2016]74号)[EB/OL].(2017-01-05)[2022-12-01]. http://www.gov.cn/zhengce/content/2017-01/05/content_5156789.htm.

[22] 科技部."十三五"先进制造技术领域科技创新专项规划(国科发高[2017]89号)[EB/OL].(2017-05-02)[2022-12-01]. https://www.most.gov.cn/xxgk/xinxifenlei/fdzdgknr/fgzc/gfxwj/gfxwj2017/201705/t20170502_132597.html.

[23] 国家发展和改革委员会."十四五"循环经济发展规划(发改环资[2021]969号)[EB/OL].(2021-07-01)[2022-12-01]. https://www.ndrc.gov.cn/xxgk/zcfb/ghwb/202107/t20210707_1285527.html?code=&state=123.

[24] 工信部."十四五"工业绿色发展规划(工信部规[2021]178号)[EB/OL].(2022-07-06)[2022-12-01]. https://www.miit.gov.cn/jgsj/ghs/zlygh/art/2022/art_dd7cf9f916174a8bbb7839ad-654a84ce.html.

第3章
我国再制造标准化进展

3.1 再制造标准化体系构建

虽然我国有关再制造的法律法规和政府规划方案在本世纪初就已开始出现,使再制造产业逐渐进入法制化阶段,但由于我国再制造起步较晚,在再制造企业规范管理、再制造技术使用、再制造产品检测等方面还缺乏完整有效的标准体系,一定程度上影响和制约了我国再制造产业的发展、再制造技术的推广以及消费者对再制造产品的认可。

行业发展,标准先行。由于我国的再制造产业具有产品种类繁多,不同行业领域产量规模、技术应用差异较大等特点,因此贯彻落实再制造标准化战略是我国再制造产业健康发展的必由之路[1]。2011年,由机械科学研究院中机生产促进中心筹建了全国绿色制造技术标准化委员会(SAC/TC337),主要负责装备制造中绿色设计方法、绿色制造工艺规划、绿色机加工工艺以及自修复与再制造等技术领域的国家标准体系规划和标准制定,并下设再制造分技术委员会(SAC/TC337/SC1)。

为了落实《中国制造2025》和《装备制造业标准化和质量提升规划》,2016年9月,由工信部、国家标准化管理委员会联合发布了《绿色制造标准体系建设指南》。该指南在分析了国内外绿色制造政策规划要求、产业发展需求和标准化工作的基础上,梳理了各行业绿色制造重点领域和重点标准,提出要完善绿色制造标准顶层设计,实施绿色制造标准化提升工程等目标,以推动绿色制造标准体系构建,加快重点领域标准制修订,提升绿色制造标准国际影响力,促进我国制造业绿色转型升级[2-3]。

围绕再制造全过程的标准化体系构建应以产品的原料选取、设计、生产、使用、回收利用等整个生命周期相关标准制定为依托,以基础通用、关键技术、管理认证和产品标准为体系框架,设计一套行之有效的再制造产业的标准体系。应大力提倡产品的绿色设计理念,引导企业建立绿色产业链条和绿色生产体系,充分发挥标准的基础支撑、技术导向和市场规范作用,保证再制造产品质量、降低再制造费用、提高再制造效率,形成再制造产业与标准化工作"螺旋上升、相互促进"的局面,推进我国再制造产业规范化发展[4]。

本章主要对我国各类型再制造技术规范和标准进行了搜集和梳理,总结了再制造标准化发展趋势,并提出了我国再制造标准化建设所面临的困难和挑战。

3.2 再制造技术规范和标准概况

3.2.1 再制造标准梳理

我国再制造标准制定的总体思想是以 2012 年推出的 GB/T 28619—2012《再制造 术语》为基础的,根据具体行业发展需求,结合不同行业的特性与共性逐步细化标准,做到与行业发展相匹配[5]。近年来,我国积极推动各行业领域再制造规范化发展并进行了全方位部署,制定了多项技术规范和标准,对再制造企业顺利落实有关工作起到了良好的引导和推进作用。

按发布的效应级别来看,截至 2021 年 12 月,我国审核批准的再制造国家标准 50 部、行业标准 46 部、地方标准 16 部,共计 112 部。自 2011 年我国发布第一项再制造相关标准以来,每年都有新的标准通过审批。其中,数量最多的一年是 2016 年,共审批通过各类标准 28 部,近五年各类标准发布数量稳定在每年 8 部左右(图 3-1)。

按再制造标准的层级框架分类,我国再制造标准体系的框架结构可分为 3 层:第一层为基础标准,第二层为跨行业共性标准,第三层为行业针对性标准(图 3-2)。其中,基础标准以 GB/T 28619—2012《再制造 术语》为基础,对再制造技术和再制造产业体系中与再制造产品、再制造企业运营管理等相关的术语和定义做了规定。目前,我国出台的再制造政策、法规更多的是从宏观方面对制

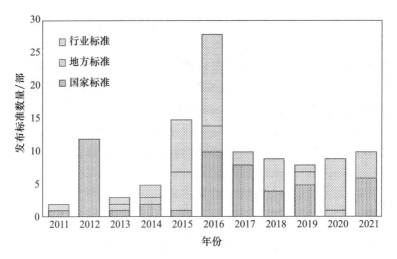

图3-1 各类再制造相关技术规范和标准发布数量统计（见彩图）

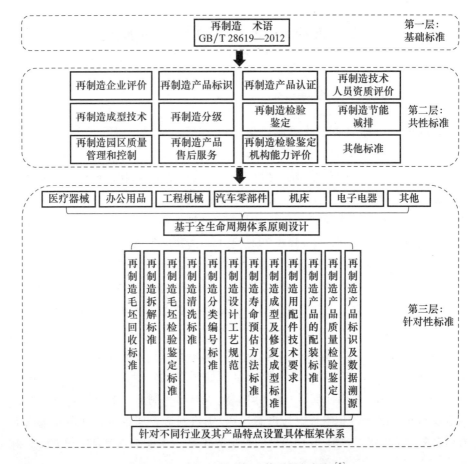

图3-2 我国再制造标准体系层级框架[5]

度性、原则性、机制性及框架性的情况进行规范,难以对微观性、技术性、定量性的具体情况进行深入分析。而跨行业共性标准的制定则填补了这一方面的空缺,可以针对具体的指标、方法和要求进行规定,有效承接政策、法规的落地实施。而行业针对性标准则结合我国各再制造行业的发展特点,从不同行业的产品特性和全生命周期理论出发,对拆解、清洗、评估、修复、检测等一系列再制造环节进行具体制定[5]。

按再制造相应的行业领域和性质分类,目前已审批的标准涵盖了内燃机再制造、汽车零部件再制造、工程机械再制造、机电产品再制造、能源与矿采设备再制造、办公设备再制造、再制造通用基础、再制造关键技术以及再制造产品出入境检验检疫九大行业领域。其中,与内燃机再制造相关的标准19部,约占总标准数的17%,汽车零部件再制造领域标准、工程机械再制造领域标准、再制造通用基础标准以及再制造关键技术标准分别占16%、14%、14%、13%(图3-3)。

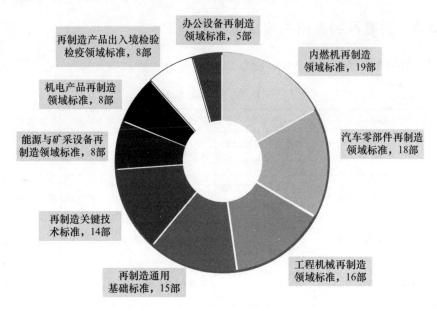

图3-3 不同行业领域再制造相关标准数量统计(见彩图)

3.2.2 我国再制造标准化发展趋势

我国正处于加速推进再制造标准化建设的时期,近年来发布实施了一系列再制造基础通用标准和关键共性技术标准。各标准化委员会也规划起草了一批相关行业的再制造方法和产品标准,为我国再制造产业的标准化发展奠定了良好基础。然而,当前再制造标准总体仍然较为零散,系统性不强,尤其在质量控制、管理认证、再制造评估及产品评价等方面的标准制定还比较薄弱,再制造生产体系和管理体系还需进一步规范和完善。

我国下一步再制造标准化的发展应以完善再制造标准体系建设为主要目标,围绕再制造全流程、全要素加强再制造标准顶层设计。以需求为牵引,统筹规划、急用先行、分步实施,加速推动符合我国国情的再制造标准体系的建设。不同标准化委员会需要科学规划标准化工作,加强沟通协调,避免重复遗漏。同时,鼓励具备相应能力的各产学研组织机构开展再制造团体标准研究,协调再制造产业的各级有生力量共同制定满足市场和创新需要的标准,积极推动和监督各行业遵守再制造标准,提升再制造标准的可行性和适用性,充分发挥再制造标准的基础支撑、技术导向和市场规范作用,提高再制造效率、降低再制造费用、保证再制造产品质量[1]。

3.2.3 国家再制造相关技术规范和标准

再制造国家标准如表3-1所列。

表3-1 再制造国家标准

序号	标准号	标准名称	领域划分	状态	发布日期	实施日期
1	GB/T 41101.2—2021	土方机械 可持续性 第2部分:再制造	工程机械	现行	2021-12-31	2022-07-01
2	GB/T 40727—2021	再制造 机械产品装配技术规范	关键技术	现行	2021-10-11	2022-05-01
3	GB/T 40728—2021	再制造 机械产品修复层质量检测方法	关键技术	现行	2021-10-11	2022-05-01
4	GB/T 40737—2021	再制造 激光熔覆层性能试验方法	关键技术	现行	2021-10-11	2022-05-01
5	GB/T 39895—2021	汽车零部件再制造产品 标识规范	通用基础	现行	2021-03-09	2021-10-01
6	GB/T 39899—2021	汽车零部件再制造产品技术规范 自动变速器	汽车零部件	现行	2021-03-09	2021-10-01
7	GB/T 37887—2019	破碎设备再制造技术导则	通用基础	现行	2019-08-30	2020-03-01

续表

序号	标准号	标准名称	领域划分	状态	发布日期	实施日期
8	GB/T 37654—2019	再制造 电弧喷涂技术规范	关键技术	现行	2019-06-04	2020-01-01
9	GB/T 37672—2019	再制造 等离子熔覆技术规范	关键技术	现行	2019-06-04	2020-01-01
10	GB/T 37674—2019	再制造 电刷镀技术规范	关键技术	现行	2019-06-04	2020-01-01
11	GB/T 37432—2019	全断面隧道掘进机再制造	工程机械	现行	2019-05-10	2019-12-01
12	GB/T 36538—2018	再制造/再生静电复印(包括多功能)设备	办公设备	现行	2018-07-13	2019-02-01
13	GB/T 35977—2018	再制造 机械产品表面修复技术规范	通用基础	现行	2018-02-06	2018-09-01
14	GB/T 35978—2018	再制造 机械产品检验技术导则	通用基础	现行	2018-02-06	2018-09-01
15	GB/T 35980—2018	机械产品再制造工程设计 导则	通用基础	现行	2018-02-06	2018-09-01
16	GB/T 19832—2017	石油天然气工业 钻井和采油提升设备的检验、维护、修理和再制造	能源与矿采设备	现行	2017-11-01	2018-05-01
17	GB/T 34868—2017	废旧复印机、打印机和速印机再制造通用规范	办公设备	现行	2017-11-01	2018-05-01
18	GB/T 34631—2017	再制造 机械零件剩余寿命评估指南	关键技术	现行	2017-10-14	2018-05-01
19	GB/T 34595—2017	汽车零部件再制造产品技术规范 水泵	汽车零部件	现行	2017-10-14	2018-05-01
20	GB/T 34596—2017	汽车零部件再制造产品技术规范 机油泵	汽车零部件	现行	2017-10-14	2018-05-01

续表

序号	标准号	标准名称	领域划分	状态	发布日期	实施日期
21	GB/T 34600—2017	汽车零部件再制造产品技术规范 点燃式、压燃式发动机	汽车零部件	现行	2017-10-14	2018-05-01
22	GB/T 33947—2017	再制造 机械加工技术规范	通用基础	现行	2017-07-12	2018-02-01
23	GB/T 33518—2017	再制造 基于谱分析轴系零部件检测评定规范	关键技术	现行	2017-02-28	2017-06-01
24	GB/T 33221—2016	再制造 企业技术规范	通用基础	现行	2016-12-13	2017-07-01
25	GB/T 32809—2016	再制造 机械产品清洗技术规范	关键技术	现行	2016-08-29	2017-03-01
26	GB/T 32803—2016	土方机械 零部件再制造 分类技术规范	工程机械	现行	2016-08-29	2017-03-01
27	GB/T 32805—2016	土方机械 零部件再制造 清洗技术规范	工程机械	现行	2016-08-29	2017-03-01
28	GB/T 32810—2016	再制造 机械产品拆解技术规范	关键技术	现行	2016-08-29	2017-03-01
29	GB/T 32811—2016	机械产品再制造性评价技术规范	关键技术	现行	2016-08-29	2017-03-01
30	GB/T 32801—2016	土方机械 再制造零部件 装配技术规范	工程机械	现行	2016-08-29	2017-03-01
31	GB/T 32802—2016	土方机械 再制造零部件 出厂验收技术规范	工程机械	现行	2016-08-29	2017-03-01
32	GB/T 32804—2016	土方机械 零部件再制造 拆解技术规范	工程机械	现行	2016-08-29	2017-03-01
33	GB/T 32806—2016	土方机械 零部件再制造 通用技术规范	工程机械	现行	2016-08-29	2017-03-01
34	GB/T 32222—2015	再制造内燃机 通用技术条件	内燃机	现行	2015-12-10	2016-07-01

续表

序号	标准号	标准名称	领域划分	状态	发布日期	实施日期
35	GB/T 31208—2014	再制造毛坯质量检验方法	关键技术	现行	2014-09-03	2015-05-01
36	GB/T 31207—2014	机械产品再制造质量管理要求	通用基础	现行	2014-09-03	2015-05-01
37	GB/T 28675—2012	汽车零部件再制造拆解	汽车零部件	现行	2012-09-03	2013-01-01
38	GB/T 28676—2012	汽车零部件再制造分类	汽车零部件	现行	2012-09-03	2013-01-01
39	GB/T 28677—2012	汽车零部件再制造清洗	汽车零部件	现行	2012-09-03	2013-01-01
40	GB/T 28678—2012	汽车零部件再制造出厂验收	汽车零部件	现行	2012-09-03	2013-01-01
41	GB/T 28679—2012	汽车零部件再制造装配	汽车零部件	现行	2012-09-03	2013-01-01
42	GB/T 28672—2012	汽车零部件再制造产品技术规范 交流发电机	汽车零部件	现行	2012-09-03	2013-01-01
43	GB/T 28673—2012	汽车零部件再制造产品技术规范 起动机	汽车零部件	现行	2012-09-03	2013-01-01
44	GB/T 28674—2012	汽车零部件再制造产品技术规范 转向器	汽车零部件	现行	2012-09-03	2013-01-01
45	GB/T 28615—2012	绿色制造 金属切削机床再制造技术导则	通用基础	现行	2012-06-29	2012-12-01
46	GB/T 28618—2012	机械产品再制造 通用技术要求	通用基础	现行	2012-06-29	2012-12-01
47	GB/T 28619—2012	再制造 术语	通用基础	现行	2012-06-29	2012-12-01
48	GB/T 28620—2012	再制造率的计算方法	通用基础	现行	2012-06-29	2012-12-01
49	GB/T 27611—2011	再生利用品和再制造品通用要求及标识	通用基础	现行	2011-12-05	2012-05-01

3.2.4 行业再制造相关技术规范和标准

再制造行业标准如表 3-2 所列。

表 3-2 再制造行业标准

序号	标准号	标准名称	领域划分	状态	批准日期	实施日期
1	JB/T 14204—2021	土方机械 再制造履带式液压挖掘机	工程机械	现行	2021-12-02	2022-04-01
2	JB/T 14203—2021	土方机械 再制造振动压路机	工程机械	现行	2021-12-02	2022-04-01
3	SN/T 5312—2021	自贸区进口再制造机械零部件用毛坯件检验一般要求	出入境检验检疫	现行	2021-06-18	2022-01-01
4	SY/T 6367—2020	石油天然气钻采设备 钻井设备的检验、维护、修理和再制造	能源与矿采设备	现行	2020-10-23	2021-02-01
5	YB/T 4914—2021	冶金轧辊堆焊再制造通用技术条件	通用基础	现行	2021-03-05	2021-07-01
6	JB/T 13792—2020	土方机械再制造 零部件表面修复技术规范	工程机械	现行	2020-04-16	2021-01-01
7	JB/T 13791—2020	土方机械 液压元件再制造 通用技术规范	工程机械	现行	2020-04-16	2021-01-01
8	JB/T 13790—2020	土方机械 液压油缸再制造 技术规范	工程机械	现行	2020-04-16	2021-01-01
9	JB/T 13789—2020	土方机械 液压马达再制造 技术规范	工程机械	现行	2020-04-16	2021-01-01
10	JB/T 13788—2020	土方机械 液压泵再制造 技术规范	工程机械	现行	2020-04-16	2021-01-01
11	QC/T 1140—2020	汽车零部件再制造产品技术规范 曲轴	汽车零部件	现行	2020-12-09	2021-04-01
12	QC/T 1139—2020	汽车零部件再制造产品技术规范 连杆	汽车零部件	现行	2020-12-09	2021-04-01

续表

序号	标准号	标准名称	领域划分	状态	批准日期	实施日期
13	SY/T 6160—2019	防喷器检验、修理和再制造	能源与矿采设备	现行	2019-11-04	2020-05-01
14	QC/T 1074—2017	汽车零部件再制造产品技术规范 气缸盖	汽车零部件	现行	2017-04-21	2017-10-01
15	QC/T 1070—2017	汽车零部件再制造产品技术规范 气缸体总成	汽车零部件	现行	2017-01-09	2017-07-01
16	JB/T 12734—2016	再制造内燃机 连杆工艺规范	内燃机	现行	2016-04-05	2016-09-01
17	JB/T 13340—2018	再制造内燃机 缸盖工艺规范	内燃机	现行	2018-02-09	2018-10-01
18	JB/T 13339—2018	再制造内燃机 机体工艺规范	内燃机	现行	2018-02-09	2018-10-01
19	JB/T 13327—2018	再制造内燃机 水泵工艺规范	内燃机	现行	2018-02-09	2018-10-01
20	JB/T 13326—2018	再制造内燃机 机油泵工艺规范	内燃机	现行	2018-02-09	2018-10-01
21	JB/T 12993—2018	三相异步电动机再造技术规范	机电产品	现行	2018-02-09	2018-10-01
22	SN/T 3837.3—2016	进口再制造用途机电产品检验技术要求 第3部分:汽车起动机、发电机	出入境检验检疫	现行	2016-08-23	2017-03-01
23	JB/T 12741—2016	再制造内燃机 凸轮轴工艺规范	内燃机	现行	2016-04-05	2016-09-01
24	JB/T 12742—2016	再制造内燃机 压气机工艺规范	内燃机	现行	2016-04-05	2016-09-01
25	JB/T 12733—2016	再制造内燃机 飞轮工艺规范	内燃机	现行	2016-04-05	2016-09-01

续表

序号	标准号	标准名称	领域划分	状态	批准日期	实施日期
26	JB/T 12735—2016	再制造内燃机 零部件表面修复工艺规范	内燃机	现行	2016-04-05	2016-09-01
27	JB/T 12737—2016	再制造内燃机 喷油器总成工艺规范	内燃机	现行	2016-04-05	2016-09-01
28	JB/T 12732—2016	再制造内燃机 发电机工艺规范	内燃机	现行	2016-04-05	2016-09-01
29	JB/T 12738—2016	再制造内燃机 气缸套工艺规范	内燃机	现行	2016-04-05	2016-09-01
30	JB/T 12744—2016	再制造内燃机 起动机工艺规范	内燃机	现行	2016-04-05	2016-09-01
31	JB/T 12743—2016	再制造内燃机 增压器工艺规范	内燃机	现行	2016-04-05	2016-09-01
32	JB/T 12740—2016	再制造内燃机 曲轴工艺规范	内燃机	现行	2016-04-05	2016-09-01
33	JB/T 12736—2016	再制造内燃机 喷油泵总成工艺规范	内燃机	现行	2016-04-05	2016-09-01
34	JB/T 12739—2016	再制造内燃机 气门工艺规范	内燃机	现行	2016-04-05	2016-09-01
35	SN/T 4247—2015	自贸试验区进口再制造用途机电产品检验规程	出入境检验检疫	现行	2015-05-26	2016-01-01
36	SN/T 4245—2015	进出口汽车再制造零部件产品鉴定规程	出入境检验检疫	现行	2015-05-26	2016-01-01
37	JB/T 12268—2015	激光再制造 高炉煤气余压透平发电装置静叶片 技术条件	机电产品	现行	2015-10-10	2016-03-01
38	JB/T 12272—2015	激光再制造 烟气轮机轮盘技术条件	机电产品	现行	2015-10-10	2016-03-01
39	JB/T 12265—2015	激光再制造 轴流风机 技术条件	机电产品	现行	2015-10-10	2016-03-01

续表

序号	标准号	标准名称	领域划分	状态	批准日期	实施日期
40	JB/T 12267—2015	激光再制造 高炉煤气余压透平发电装置动叶片 技术条件	机电产品	现行	2015-10-10	2016-03-01
41	JB/T 12269—2015	激光再制造 烟气轮机叶片 技术条件	机电产品	现行	2015-10-10	2016-03-01
42	JB/T 12266—2015	激光再制造 螺杆压缩机 技术条件	机电产品	现行	2015-10-10	2016-03-01
43	SN/T 3837.2—2014	进口再制造用途机电产品检验技术要求 第2部分:载重汽车轮胎	出入境检验检疫	现行	2014-01-13	2014-08-01
44	SN/T 3837.1—2014	进口再制造用途机电产品检验技术要求 第1部分:鼓粉盒	出入境检验检疫	现行	2014-01-13	2014-08-01
45	SN/T 3696—2013	进口再制造用途机电产品检验风险评估方法指南	出入境检验检疫	现行	2013-11-06	2014-06-01
46	SN/T 2878.2—2011	进口再制造用机电产品检验规程和技术要求 第2部分:工程机械轮胎	出入境检验检疫	现行	2011-05-31	2011-12-01

3.2.5 地方再制造相关技术规范和标准

再制造地方标准如表3-3所列。

表3-3 再制造地方标准

序号	标准号	标准名称	领域划分	状态	批准日期	实施日期
1	DB3401/T 212—2020	合肥再制造生态圈构建指南	通用基础	现行	2020-12-22	2020-12-22

续表

序号	标准号	标准名称	领域划分	状态	批准日期	实施日期
2	DB37/T 3590—2019	再制造 激光熔覆层与基体结合强度试验方法及评定	关键技术	现行	2019-05-29	2019-06-29
3	DB37/T 3589—2019	再制造 激光熔覆层与基体结合强度试验试样制备方法	关键技术	现行	2019-05-29	2019-06-29
4	DB37/T 2877—2016	再制造履带式推土机出厂运转要求及试验方法	工程机械	现行	2016-12-06	2017-01-06
5	DB37/T 2688.5—2016	再制造煤矿机械技术要求 第5部分:矿山机械减速机齿圈	能源与矿采设备	现行	2016-12-06	2017-01-06
6	DB37/T 2688.4—2016	再制造煤矿机械技术要求 第4部分:刮板输送机	能源与矿采设备	现行	2016-12-06	2017-01-06
7	DB37/T 2688.3—2016	再制造煤矿机械技术要求 第3部分:液压支架	能源与矿采设备	现行	2016-12-06	2017-01-06
8	DB37/T 2689.1—2015	再制造发动机技术要求 第1部分:机体	汽车零部件	现行	2015-09-02	2015-10-02
9	DB37/T 2688.1—2015	再制造煤矿机械技术要求 第1部分:刮板输送机中部槽	能源与矿采设备	现行	2015-09-02	2015-10-02
10	DB37/T 2689.2—2015	再制造发动机技术要求 第2部分:曲轴	汽车零部件	现行	2015-09-02	2015-10-02
11	DB37/T 2688.2—2015	再制造煤矿机械技术要求 第2部分:液压支架立柱、千斤顶	能源与矿采设备	现行	2015-09-02	2015-10-02
12	DB31/T 419—2015	激光打印机用再制造鼓粉盒组件技术规范	办公设备	现行	2015-11-05	2016-01-01

续表

序号	标准号	标准名称	领域划分	状态	批准日期	实施日期
13	DB31/T 407—2015	喷墨打印机用再制造喷墨盒技术规范	办公设备	现行	2015-11-05	2016-01-01
14	DB31/T 716—2013	三相异步电动机高效再制造技术规范	机电产品	现行	2013-08-21	2013-11-01
15	DB31/T 810—2014	再制造打印耗材生产过程环境控制要求	办公设备	现行	2014-06-19	2014-09-01

3.3 再制造标准化存在的问题及对策

3.3.1 标准化发展的问题

1. 标准体系尚需完善

标准体系需要若干具有内在联系、相互依存、相互制约的标准个体互相支撑。科学合理的标准体系是标准质量保证与提升的前提条件。目前，我国再制造标准所涵盖的范畴仍相对有限，远不能满足再制造生产和产业发展需要。再制造标准体系的构建主要以术语、再制造过程规范、通用技术要求等内容为主，而对产品再制造性评价、再制造供应链网络、企业再制造能力评估、再制造管理及服务模式、再制造基础数据、再制造自动化等方面的标准规划和标准体系建设尚需完善[1]。

2. 标准化人才培养力度不足

再制造标准化人才是标准体系建设的重要推动者。目前，再制造研究领域的管理模式、技术创新、工艺流程的研究已受到科研院所和再制造生产企业的重视，每年都投入大量科研力量予以支持，然而对再制造标准化领域的人才培养重视程度一直不高，主要表现为：一是缺乏工作在生产一线的操作型标准化工作者；二是缺乏技术装备、科研领域技术型标准化工作者；三是缺乏运用标准化原理对在管理活动实践中所出现的各种具有重复性特征的管理问题进行科学总结规范，有效地指导再制造活动的管理型标准化工作者[1]。

3. 标准质量有待提高

标准制定是一项综合成果，是对科学、技术和实践经验的总结，只有制定出高质量的标准，才能推动再制造产业的高质量发展。目前，在一些现已发布的再制造技术标准中,有些具体的技术条目主要根据经验来制定,对技术要求大多是定性要求,缺乏科学判定和技术验证,无法对再制造企业的生产能力进行有效指导,适用性较低,无法帮助再制造企业获得最佳生产实践,难以提高再制造的生产效率[1]。

3.3.2 标准化措施的建立

1. 完善再制造标准体系,加强再制造标准顶层设计

为了适应再制造发展新形势,应加快完善再制造标准体系的建设,全面贯彻落实《中国制造2025》,以促进再制造产业创新发展为主题,加强顶层设计和统筹规划,运用系统的分析方法,针对再制造标准化对象及其相关要素所形成的系统进行整体标准化研究,以再制造整体标准化对象的最佳效益为目标,按照立足国情、需求牵引、统筹规划、急用先行、分步实施的原则,加强基础通用标准和关键核心标准的制修订[3]。

2. 推动"产学研用"合作,加快再制造关键急需标准制定

推动高校、科研院所及再制造试点企业合作开展再制造标准体系的研究工作,明确再制造标准体系的总体要求、建设思路、建设内容和组织实施方式,从产品生命周期、应用行业领域及再制造核心要素3个维度构建再制造标准体系参考模型。依据技术可行性、需求迫切性、质量可靠性等属性,筛选当前再制造企业急需的关键技术,优化再制造标准立项过程。鼓励和支持各标准化技术组织、地方行业主管部门和社会团体等建立统一的协调机制,推进绿色制造标准的实施与监督。同时,鼓励再制造行业相关的企业、科研院所、学会组织及产业技术联盟开展再制造团体(联盟)标准研究,协调相关市场主体共同制定满足市场和创新需要的标准,增加再制造标准的有效供给,充分发挥标准的基础支撑、技术导向和市场规范作用,提高再制造效率、降低再制造费用、保证再制造产品质量[3,6]。

3. 加强再制造标准化工作人才培养,提高再制造标准质量

利用多种渠道广泛开展标准化知识培训,培养再制造研究者、管理者、生产者的标准化意识。针对再制造从业者开展标准化培训工作,有针对性地提升标准化从业者的理论水平、职业技能和综合素质,让掌握再制造专业知识的技术人员和管理人员了解并积极参与再制造标准化工作,推动加强再制造标准化技术支撑力量,提高再制造标准的质量和水平,推动再制造标准的应用。加强再制造标准的宣贯与应用服务,充分利用各种渠道积极开展再制造标准的宣贯及产业化落地工作,支持再制造重点领域标准研制和标准验证公共服务平台的建设,组织各标委会、协会、社会团体、再制造重点企业加强对重点标准的应用咨询和服务工作,将再制造试点示范工作与标准化工作紧密结合,在再制造试点企业中了解标准化需求,并将标准在再制造试点企业中得以应用,将再制造标准作为贯彻再制造国家发展战略的重要途径。全面支撑再制造产品、再制造企业、再制造产业示范区和产业基地、再制造绿色供应链示范项目创建,以点带面,强化再制造标准的实施力度[3,6]。

4. 积极申请再制造国际标准化技术委员会(ISO/TC)

开展再制造国际标准研究,加强国际合作。随着我国"一带一路"战略的实施和国家自贸区建设的深化,再制造国际贸易迎来发展机遇,再制造技术标准和规范在国际贸易中所起的作用日益突出,应持续关注再制造国际标准化的进展,以便在国际竞争中处于优势地位。目前,国际上尚未成立专门的再制造国际标准化技术委员会,ISO 所有 TC 也无涉及再制造基础类标准(如术语、导则等)和再制造技术工艺类标准(如拆解、清洗、检测、加工等),因此需加强国际交流合作,推动申请再制造 ISO/TC,积极主导再制造国际标准的制定,为各国企业开展再制造业务提供技术支持,促进再制造投资贸易和全球再制造产业发展[6]。

参考文献

[1] 郑汉东,李恩重,桑凡,等. 中国再制造标准化新进展[J]. 标准科学,2016,S1:67-72.

[2] 工信部,国家标准化管理委员会. 绿色制造标准体系建设指南(工信部联节[2016]304 号)[R/OL]. (2016-09-01)[2022-12-01]. http://www.gov.cn/xinwen/2016-09/29/5113568/files/21081fd9b4a7492f9903e86cbddcf1ba.pdf.

[3] 李恩重,张伟,郑汉东,等. 我国再制造标准化发展现状及对策研究[J]. 标准科学,2017,8:29-34.

[4] 中投顾问,2021. 2021—2025 年中国再制造产业深度调研及投资前景预测报告[R]. 深圳:中投产业研究院.

[5] 李洪涛,郅惠博,王彪,等. 完善中国再制造标准体系,助推绿色再制造产业发展[J]. 理化检验(物理分册),55(6):391-395.

[6] 周新远,魏敏,于鹤龙,等. 机械产品再制造国际标准现状与研究进展[J]. 中国标准化,2019,5:148-152.

第3篇 再制造关键技术篇

我国再制造技术是在维修工程、表面工程的基础上发展而来的,逐步构建起以再制造拆解与清洗技术、再制造损伤检测与寿命评估技术和再制造成形与强化技术等为支撑的再制造关键技术体系框架,以修复旧件和改造升级为手段形成了具有中国特色的再制造技术发展路线,再制造关键技术成果的高速发展与推广应用有力促进了我国绿色低碳经济的可持续发展。

第4章 再制造拆解与清洗技术及其应用

拆解与清洗是对废旧零部件实施再制造的重要环节。与传统制造工艺相比,对废旧零部件的拆解与清洗增加了再制造工序烦琐度和作业任务量,但有利于再制造毛坯件的精准检测与高效筛选,以及后续制造处理。因此,采用高效且无损的拆解和清洗技术有利于提升再制造产品的生产质效。

4.1 再制造拆解与清洗的概念

4.1.1 再制造拆解

拆解是指"将再制造毛坯进行拆卸、解体的活动"[1]。再制造拆解是指"将旧产品及其零部件按顺序依次拆卸、解体至最小不可拆解单元,并保证在拆解时防止拆解零部件的性能被进一步损坏的过程"[2]。

可拆解性是零部件可以从车上拆解下来的属性,即零部件从产品或装配体上被拆卸下来或被分解成期望形态与纯度材料的难易程度[3]。使得废旧零部件获得最大限度的无损伤拆解是再制造拆解技术与工艺研究的重要目标,为了准确判断其剩余寿命,以及对其进行加工修复的精细化程度,实施废旧零部件拆解作业前需要充分考虑其可拆解性这一设计属性。

再制造拆解依据拆解损伤程度和拆解深度,分为破坏性拆解、部分破坏性拆解和无损拆解以及完全性拆解、局部性拆解和选择性拆解;依据拆解先后顺序,分为拆解前、拆解过程中和拆解后3个阶段。实际生产中,针对不同种类、特点的再制造对象,制定规范统一的再制造拆解工艺有利于规模化拆解作业的高效组织与实施。《再制造　机械产品拆解技术规范》等国家和行业标准规定了再制造机械产品拆解过程的一般要求、安全与环保要求、常用的再制造拆解方法和典型连接件的拆解方法,并对拆解前、拆解过程中和拆解后各阶段操作标准,场地环境、设备和劳动防护等方面提出了详细要求。

4.1.2　再制造清洗

再制造清洗是指在再制造过程中利用专业的技术和设备去除装备及其零部件表面附着的油脂、锈蚀、泥垢、水垢和积碳等污物,使其表面达到所要求清洁度的活动。再制造清洗体系包含 4 个要素,分别指清洗对象、零件污垢、清洗介质及清洗力。再制造清洗分类原则较多,包括再制造工艺过程、表面污染物类型、清洗手段、清洗对象、清洗技术原理等[4-5],如图 4-1 所示。

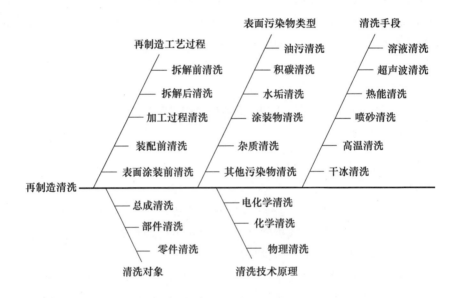

图 4-1　再制造清洗的分类

依据废旧零部件清洗作业的实施顺序,可将再制造清洗细分为拆解前清洗、拆解后清洗、装配前清洗和喷涂前清洗,各清洗项目的侧重点和清洁度标准并不相同。拆解前清洗主要是针对废旧产品外部灰尘等污物的整体性清洗;拆解后清洗主要是去除零件表面的油污、水垢、锈蚀、积碳及油漆涂层,便于检查发现零件表面的磨损、微裂纹等失效特征,精准评估零件的再制造价值;装配前清洗一般指对零部件表面灰尘和油污进行清洁整理,为零件组装作业提供洁净的再制造零件;喷涂前清洗多以提高再制造产品表面涂装防护效果为目的,即涂装前须对其表面的油污、杂物进行必要的清洗和干燥。

与新品制造过程中的清洗工序相比,再制造清洗增加了拆解前清洗和拆解后清洗两道工序,拆解前清洗的对象主要是装备或零部件表面泥土、粉尘,或密度较大、较顽固的厚层污物,拆解后清洗的对象则包括油污、锈蚀、水垢、积碳及漆层等污物。拆解前清洗与拆解后清洗在清洗对象、污垢类型、清洗深度和清洁度要求等方面差异较大。

4.2 再制造拆解技术

废旧零部件的拆解效率与其自身的拆解难度和所拥有的拆解能力有关。废旧零部件不仅种类繁多,而且装配方法各式各样,以及在服役环境和工况等苛刻条件影响下,容易出现腐蚀、磨损、断裂等损伤,其损伤程度和性能状态表现的不确定性较大,这些因素都增加了再制造拆解时的工艺难度。因此,实施零部件拆解作业时,无损拆解很重要。选用恰当的拆解方法、工具和设备以及能力水平高的技术人员,不仅可以降低因拆解难度大而对拆解效率带来的负面影响,同时还可以有效避免因拆解操作不当而引起的二次损伤,获得更多的再制造毛坯[6]。

常用的再制造拆解方法有击卸法、拉拔法、顶压法、温差法、破坏法和加热渗油法等[2,7-8]。

(1)击卸法一般是利用敲击或撞击产生的冲击能量拆解分离零部件,适用于拆解万向传动十字轴、转向摇臂、轴承等锈蚀零件,该方法使用工具简单,且操作方法灵活。

(2)拉拔法是利用通用或专用工具与零部件间相互作用产生的静拉力,将零部件拆卸下来,被拆解件不受冲击力,拆解过程中不容易被损坏,多适用于拆解精度要求较高或无法进行敲击的零件。

(3)顶压法是一种静力拆解方法,如利用手压机、油压机等工具拆卸形状简单的过盈配合件,该方法的施力过程均匀缓慢,力的大小和方向容易控制,拆解时不易损坏零件。

(4)温差法是利用材料热胀冷缩的特性,使配合件在温差条件下失去过盈量,从而实现拆解。由于对温度控制要求较高,实施时需要配合使用专门的加热或冷却设备及工具,适用于电机轴承、液压压力机套筒等尺寸较大、配合过盈量较大及精度较高的配合件。

(5)破坏法是指采用车、锯、钻、割等方法对固定连接件进行物理分离,如焊接件、铆接件或互相咬死件等较难拆解的零部件,其拆解方式多样,对零件的破坏损伤程度大,且拆解效果存在不确定性。

(6)加热渗油法是通过将油液渗入零件结合面,以增加界面润滑性,实现废旧零部件拆解。该方法不易擦伤齿轮联轴节、止推盘等经常拆解或有锈蚀的零部件的配合面。

钢、有色金属等资源是国家发展的战略性资源,拆解后进行再制造是处理退役装备的方式之一,是实现装备循环利用、促进经济可持续的关键途径。飞机、舰船等大型装备到达设计使用寿命后,装备材料与结构老化,技术性能和安全稳定性下降,进入退役状态后,报废处理中可循环利用的资源量大,循环使用将有利于节约资源。随着退役装备数量的增多,全寿命周期管理模式下的再制造拆解业务变得越来越多,拆解行业引起更多地关注,而拆解对象也已由单个零部件逐步向整机装备发展。

以飞机拆解为例,空客、波音等公司21世纪初已开展飞机自主拆解项目,拆解后的零部件经认定筛选后分为可直接使用的二次销售件、具有再制造价值的再制造毛坯件、弃用但可作为原材料回收的再利用件,以及报废处理件。随着飞机拆解技术与工艺的不断优化,报废零部件的比例逐渐下降,再利用比例(重量比例)逐渐上升,约占90%。随着民用及军用飞机拆解数量逐年增加,再制造拆解行业效益将变得愈发明显[9]。

再制造拆解行业的服务对象涵盖汽车、舰船、飞机、矿山机械等多种废旧装备,拆解行业效益与其拆解效率和技术水平等相关,发展再制造拆解技术手段,可以有效提高再制造精细化拆解效率和废旧零部件利用率,提升再制造拆解技术能力,还可同时解决劳动强度大和安全隐患多等现实问题。近年来,专用再制造拆解设备、自动化平台装置等专利申请数量逐年增加,如基于工程机械液压泵再制造的拆解装置设计要求,构建的二维/三维柔性无损拆解模型,设计的拆解装置功能模块和虚拟样机等[10-15]。未来,发展精细化、柔性化、智能化无损拆解技术,研发数字化、自动化拆解设备及信息管理系统,设计通用性强、功能多样的拆解装置等将是再制造拆解技术应用的研究重点。

4.3 再制造清洗技术

再制造过程中可选用的清洗技术种类较多,包括物理法、化学法和电化学法等。其中,化学清洗技术的应用最为广泛,其清洗实施过程中使用的清洗剂剂量大,污染物排放超标问题较为突出,环境友好性相对较差,污染治理成本较高;而以喷砂、抛丸等为代表的物理清洗技术,同样存在清洗设备较复杂、成本高等不足。干冰清洗技术、等离子体清洗技术和激光清洗技术等物理清洗技术具有环保高效等优点,近年来得到较多地关注,未来将有更多的环保型、自动化、与生物工程相融合的新兴技术与方法应用在再制造清洗行业中(图4-2)。

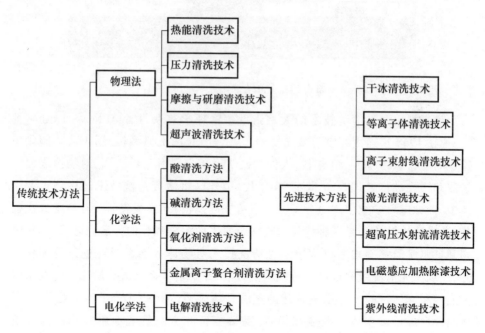

图4-2 再制造领域应用的清洗技术与方法

4.3.1 激光清洗技术

激光清洗技术是以光学系统将激光光束聚焦、整形后,扫描辐射待清洗表面,将表面附着物剥离去除的激光加工技术[16],脉冲激光清洗(简称"激光清洗")可发挥光压力、气化压力、振动波、等离子体爆发等多种效应的综合作用，实现基体表面优质高效清洁，具有绿色环保、优质高效、无二次损伤、工艺简单、安全可靠、易实现自动化和运行维护成本低等优点，是制造与再制造的重要表面工程技术手段，其原理如图4-3所示。

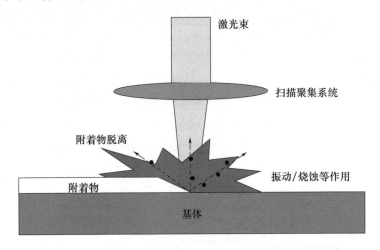

图4-3 激光清洗原理示意图[17]

最早提出激光清洗技术的人是诺贝尔物理学奖获得者Arthur Schawlow博士，他在1968年运用红宝石激光发明了一台激光清洗原型机，用于清除印刷中错误的字符。20世纪80年代，人们尝试使用激光照射工件表面，对物体表面的锈迹和污染进行处理。20世纪90年代，国外已将激光清洗技术运用到工业生产中，如德国科学家使用氮分子激光器清洗硅模板，硅模板表面没有产生二次损伤，激光清洗被认为是一种优异的去除金属表面污染颗粒的方法。之后，IBM公司和贝尔实验室等知名机构用激光清洗技术对物体表面微颗粒进行精细化清除，发现激光清洗效率远高于传统清洗方法，并申请了多项关于激光清洗技术的专利。激光清洗技术在欧美发达国家已日趋成熟，发展历程如图4-4所示，运用至今已经可以实现橡胶制品模具、高端装备和文物等表面附着物的高效清除[17-18]，美军为了保障部队战斗力，采用激光清洗技术清洗F-16战斗机、H-53和H-56直升机等外部漆层，如图4-5所示。

近年来，我国激光清洗技术得到了飞速发展，在相关激光清洗设备、基础理论、工艺技术研究中取得了非凡成就，实现了跨越式发展。就激光清洗机理而言，我国学者立足于仿真模拟和在线监测技术，对激光清洗过程中的界面温度、声波振动、热应力、色差变化、氛围烟气等进行了仿真模拟和监测分析，提出了界

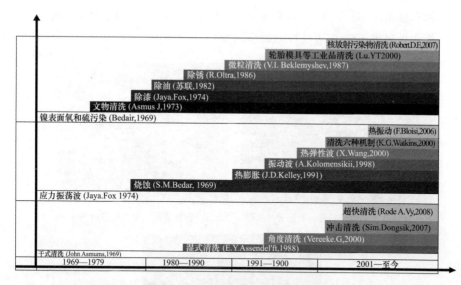

图4-4 激光清洗发展历程

(a) 手持式局部激光

(b) 自动化整机激光

图4-5 激光清洗技术清洗美军战斗机表面漆层[19]

面声波震动、清洗层裂纹扩展碎裂等清洗新机制,从化学键合、界面结合等方面分析的激光清洗的表界面内驱力,探索了通过合理调控激光清洗参数获得主导作用机制的新思路[20]。就工艺技术而言,激光源从连续快速拓展到纳秒、皮秒、飞秒等多脉宽,从准分子扩展到二氧化碳、Nd:YAG等多源复合运用,参数匹配从功率、频率、扫描速度到脉宽、入射角、离焦量、外场辅助等系统调控,从单纯追求效率到效率与基体表面质量协调控制,我国激光清洗工艺正由粗放使用向精细控制过度[21]。就清洗对象而言,从金属扩展到碳纤维板材、玻璃、陶瓷、塑料等各种基体材料,不仅仅局限于早期的锈蚀、枳碳和油污,已广泛应用于厚漆层、喷涂层、氧化皮、镜片颗粒黏附、焊后去应力等诸多对象,激光清洗的潜力获得有力挖掘[22]。就应用领域而言,已从最早的文物保护,工业化应用于高铁轮对、核设施、汽车制造、船舶工业、航空工业、军工装备等制造和再制造领域,如图 4-6 所示,极大地延伸了激光清洗技术的应用领域[23-24]。

(a)激光清洗高铁轮对表面复合污物层　　(b)激光清洗汽车大轴表面锈蚀

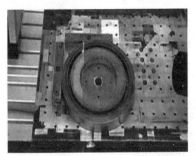

(c)清除氮化钛涂层磨具的残渣

图 4-6　激光清洗技术在不同领域的典型应用[21-23]

近年来,我国在激光清洗装备研发上不断发力,从 2015 年突破 500W 脉冲激光清洗设备的国产化。截至 2022 年年底,已实现千瓦级以上成套设备的量产,我国激光清洗工业化进程加速推进。与此同时,激光清洗的尺度也在不断取得全新的突破,新型激光复合清洗技术的发展有效地解决了传统激光清洗技术难以清洗复合材料的问题[25]。从近年(2017—2022 年)中国知网论文发表和发明专利授权情况来看,呈现急剧增长趋势,2018 年一年发表的论文和专利数几乎与之前可查询的所有论文和专利数之和[26]相等,从这些论文和专利的内容上分析,我国在激光清洗领域已迎头赶上,基本与欧美国家并驾齐驱,在工程应用的体量上甚至实现赶超。

总体而言,激光清洗技术在欧美发达国家趋于成熟,相关研究逐渐由理论、实验转向成套装备研发,高功率、优质、柔性、精控是主要发展方向。但激光清洗技术仍旧存在设备价格昂贵、测试试验冗长等弱点,在走向应用普及的过程中必定会遇到各种各样的阻力。随着我国自主研发的高功率激光清洗设备成功走向市场,打破了境外国家对我国激光清洗核心设备的进口限制,激光清洗设备的成本必将得到进一步的下调,为我国激光清洗技术进一步大范围走向市场奠定了坚实的基础,这为激光清洗技术的工程化带来了跨越式发展机遇,在可以预见的将来,激光清洗技术必将得到迅猛的发展,为相关产业领域注入全新的动力。

4.3.2 超高压水射流清洗技术

水射流清洗技术是一种湿式喷射清洗技术,清洗介质经高压水发生设备和喷嘴后变为动能较大的高速流体,利用其撞击工件基体表面时产生的冲刷、剪切、磨削等复合破碎作用,将基体表面附着的污染物迅速打碎并脱离。一般高压水射流的工作压力为150~200MPa,而超高压水射流的工作压力通常不小于200MPa。

水射流技术的清洗效能与射流工艺机理关系密切,清洗效能提升促使水射流应用的行业领域范围得以不断地拓展。20世纪70年代末,发展的高频冲击射流、共振射流和磨料射流3种射流工艺技术,其水压并不太高,但威力却大大高于同样压力下的普通连续射流。进入80年代,磨料射流、空化射流、水射流、自振射流的发展把水射流技术推向一个新的阶段,美国、德国和日本等工业发达国家在水射流技术方面形成了规模化的产业,提供专业化的水射流设备制造及配套服务,其设备压力可达250~380MPa,流量不低于15L/min,功率多在160kW以上,尤以200~300kW泵机组为主。超高压水射流技术被广泛用于热交换器、工业锅炉、核电反应堆等大型容器和罐体、物料输送管道和设备表面的污垢清洁,船体、飞机跑道等表面涂层和污染物去除等。应用表明,超高压水射流技术的清洗速度比传统的化学方法、喷砂抛丸方法快几倍到十几倍;清洗时不易产生尘埃、特殊气味、气体和火花,环境相对清洁;不需填充物和化学洗涤剂等介质,成本上仅是化学清洗的1/3左右,具有高效、环保、低成本等优势[27-29]。

高压水射流技术在我国工业清洗中的应用范围越来越广,超高压、大功率、自动化、智能化和成套性标志着该技术应用的先进性。我国20世纪70年代最初研究的水射流技术主要是应用在煤炭开采领域,90年代中期应用到船舶除锈、弹药水切割等领域,以后发展到石油、冶金、航空、建筑、交通、化工、机械、市政等领域。21世纪初,我国从事超高压水射流技术的研究机构、制造厂、配套和服务公司发展较快,设备参数与升级设计方面,水射流压力可达250~300MPa,

流量23~50L/min，单机组功率250kW左右；通过自旋转喷嘴自悬浮技术开发，以及设计加载爬壁机器人、机械夹持平面清洗器等，提高了设备执行机构应用灵活性，实现了高空独立作业，以及狭小空间或难以达到区域的360°全范围冲洗作业[30-33]。最新研制的超高压水射流机构清洗试验平台，其水射流清洗压力达300MPa，基于超高压清洗喷嘴设计、共振/摆振，以及射流靶距/角度等射流工艺研究，建立了超高压水射流喷嘴射流数学模型，提升了飞机叶片积碳、舰船壳体涂层等高端装备表面维护能力（图4-7）。

图4-7 超高压水射流清洗前后装备零部件表面状态

与国外相比，我国在超高压水射流技术设备泵体与阀体制造、长寿命喷嘴加工、系统参数优化设计、材料科学和精密控制等方面，以及在破碎、制粉、浆体输送、注水、旋喷注浆、水刺和喷雾消防等多领域应用方面仍存在差距，是未来超高压水射流技术研究的重难点方向。

4.3.3 电磁感应加热除漆技术

电磁感应加热除漆技术是利用导体内部电流的趋肤效应，电磁感应使工件基体表面产生涡流后，其表面温度被瞬间加热到数百摄氏度，高温下基体表面高分子树脂涂层老化，同时高分子树脂和金属材料的热膨胀系数不同，发生剥离、翘起，因粘接失效而最终脱落。

电磁感应加热除漆过程中能量转换效率是喷砂和超高压水射流能耗的1/4，清洗效率是常规设备的10倍以上，而且对钢铁基体组织过热影响小（表层局部加热温度一般为200~300℃），不会产生振动、烟雾、废水、电磁干扰等危害。因此,电磁感应加热除漆技术具有除漆效率高、成本低、工艺简单、节能环保等特点,适用于武器、工程机械、石油石化行业等大型钢结构在役装备或设备表面大厚度漆膜防护层的现场维护[34](图4-8)。

(a) 除漆操作图示

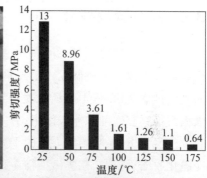
(b) 漆层与基体结合强度随温度变化规律

(c) 钢板表面电磁感应温度场红外谱图

图4-8 电磁感应加热去除钢板表面漆层(见彩图)

国外较早开展理论电磁感应加热除漆技术的研究,应用成熟度高,尤其是在军事装备领域为美国海军装备再制造创造了可观的经济效益,如2004年美国海军采用军民融合的研发方式开展了电磁感应加热除漆技术的应用研究,包括2006年在朴茨茅斯海军船厂进行了潜艇消声瓦等特殊船体涂层去除验证试验,2009年在尼米兹级航母进行了飞行甲板防滑涂层(环氧金刚砂涂层)去除验证试验,结果表明,电磁感应加热技术与超高压水射流技术对涂层去除效率相近,而费效比更高[27]。我国2003年将感应加热清洗技术应用于油田行业——旧油管的清洗维修[35]。为了缩小我国电磁除漆技术与欧美等发达国家在应用研究领域的技术差距,提升涂层去除现场作业效能,近20年我国对该技术原理、设备和工艺进行了深入研究,应用范围已由石油石化设备维护领域拓展到船舶等高端装备维护领域。在设备与工艺研究方面,目前市售电磁除漆设备的去除效率

可达 $20m^2/h$,可实现钢基体表面 5～8mm 厚、结合强度在 10～20MPa 之间的厚涂层的高效去除。同时,主机电源效率、前端电磁场效能、感应头加持装置的升级改造明显改善了设备的适用性。

4.3.4 干冰清洗技术

干冰爆炸清洗技术是一种高效、安全、节能的工业清洗技术,它是将液体二氧化碳通过干冰造粒机制成一定规格尺寸的干冰颗粒,借助高速运动的压缩空气的气流推动作用,将干冰颗粒喷射到工件表面。一方面高速运动的干冰颗粒对表面污染物有磨削和冲击作用;另一方面,-78℃的干冰颗粒接触到污垢表面后会发生脆化爆炸,吸热能力强的干冰颗粒可以使被清洗表面降温,导致污染物骤冷脆化收缩后松脱,减弱污染物在材料表面的黏附力。同时,瞬间气化并且膨胀 800 倍的干冰颗粒会产生强大的剥离力,将污染物快速彻底地从物体表面脱落。在清洗积碳的应用中,化学处理时长不低于 48h,且清洗剂对人体有害,而干冰清洗的时长不足 10min,清洗率却可达 100%(图 4-9)。

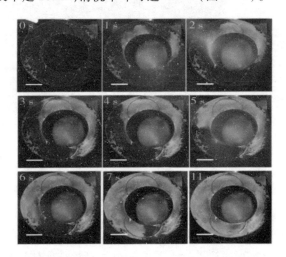

图 4-9 干冰清洗技术清洗积碳[36]

国外对干冰清洗技术的研究较早,技术成熟度高,在军事和民用领域的应用较多。20 世纪 80 年代初,美国利用干冰颗粒喷射弹道轨迹和低温龟裂原理,解决了军事领域卫星导航系统、核动力发电系统设备的清洗维护及特殊需求。80 年代末,美国对干冰制造机、喷射机的体积和重量进行了改进,促使其更加轻量化,并且利用微循环深冷技术,使 CO_2 利用率提高近 2 倍,促使该项技术由军事转向民用领域、产业领域,并得到飞速发展。为了方便装备表面涂层状态检查及后续维护,近年美国海军将该技术推广应用于清洗航母飞行甲板表面防滑涂层,如图4-10所示,为每艘航空母舰节约了10万~15万美元的维护费用[27]。90年代末期,我国汽车领域利用引进的干冰清洗设备提高了零部件生产效率和铸件质量,为干冰清洗技术在航天、电力、轨道、核工业等行业领域的拓展应用提供了参考。目前,国内制造业结构的规划调整不仅为干冰清洗设备及行业的快速发展提供了支持,也为其在装备再制造领域的应用创造了良好的政策环境[36]。

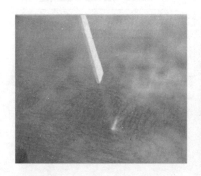

图4-10 干冰清洗技术用于外军飞行甲板防滑涂层去除[27](见彩图)

4.4 再制造拆解与清洗的典型应用

实施再制造拆解与清洗时,拆解与清洗技术、设备和作业方案的选择需要依据再制造对象特点、再制造产品标准、场所环保要求以及企业各自的企业规模、成本效益、专业水平等因素综合决策。

1. 舰船装备

退役的舰船等装备拆解后可获得船板、型钢、废钢等大量金属材料,以及还有使用价值或再制造价值的机电设备、零部件等,开展有效地循环利用有利于降低对矿产资源的开采需求,还有利于促进制造业更好的实现低碳减排。

舰船拆解是一项复杂的系统工程,我国国家海事局对船舶拆解单位的安全保密资质、工艺技术资质、运输拖带资质、任务额度资质都有详细的规范要求,为了安全有效地完成拆解工作,拆解单位必须遵循严格的拆解流程和技术要求[37]。

如图4-11所示,目前退役舰船拆解作业一般选用先码头、后船坞、再船台的拆解处置方案,按各类舰船的技术特点,拆解处置流程包括处置前的技术准备、机要设备拆除、拖轮拖航、舱内预处理和船体分阶段拆解、二次拆解和回收利用等。

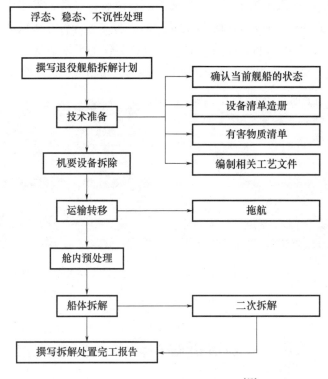

图4-11 退役舰船拆解基本流程[37]

拆解船体时，一般配备船体结构切割设备、冲洗装置、存放搁架等工装设备。实施拆解前，须先对舱内外设备、管路等结构中油液和表面附着的油污等进行清洗，再开展上层建筑和舱内系统配置的装件、设备、管路和电缆等的拆除和二次拆解，以及上层建筑结构和主船体结构等的切割和二次拆解。

2. 盾构机

盾构机再制造清洗过程分为两个步骤：一是拆解前的初步清洗，主要是去除表面堆积的沙土、灰尘和油泥等，其目的是便于拆解盾构机，减少带入车间的污染物；二是拆解后的深度清洗，主要是去除拆解后零件表面上的锈蚀、油漆、粉尘与油污，并对各个零件进行彻底清洁，以便于进行后续零件表面磨损量、变形量测量及关键焊缝探伤等工作，并便于进行必要的再制造加工。

（1）拆解前初步清洗。渣土一般黏结在零部件表面，如刀盘、盾体、螺机和皮带机等表面，这些部件因为直接开挖、支撑和输送渣土，盾构机贯通出洞时往往有很多泥沙黏结在上面,清洗时一般采用高压水冲洗,水管水流压力一般在1～10MPa之间,同时用刮刀、刷子等工具配合,对于散落在电气部件上的灰尘,一般采用压缩空气吹扫的方法。

(2)拆解后深度清洗。盾构机上的油污有防锈油、润滑油和密封油等,主要黏结在主驱动、管片拼装机、螺机等安装密封、轴承和齿轮的位置。主驱动上的油脂一般是在驱动运转后被挤出并累积在表面。在清理表面油脂时,一般先采用小刮板轻轻刮除表面堆积的油脂,再用棉布和柴油将其表面擦拭干净。主驱动拆解清洗作业如图4-12(a)所示。

主轴承作为主驱动部分最重要部件,为了做好寿命评估,再制造前一般需要进行拆解检查,需要进行精细化清洗,其对清洗技术标准和水平要求高。清洗滚道面、保持架和滚子时使用煤油或专用工业清洗剂,用不掉绒的布、专用工业擦拭布或其他更好的去油工具擦拭,重复清洗直到完全光亮为止。主轴承拆解清洗作业如图4-12(b)所示。

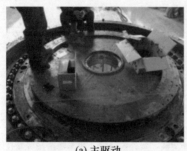 

(a) 主驱动　　　　　　　　　(b) 主轴承

图4-12　主驱动和主轴承的清洗作业[38]

阀块、液压马达、泵站等液压相关部件,通常采用煤油或液压油清洗,清洗结束后利用压缩空气将其吹干。锈迹主要存在于刀盘、盾构体和螺机等大型机械结构件表面,通常是采用喷砂处理,不能除掉的地方利用钢丝刷、角砂轮和打磨机等工具进行手工打磨[38]。

4.5　再制造拆解与清洗技术发展路线图

再制造拆解与清洗技术发展路线图如图4-13所示。

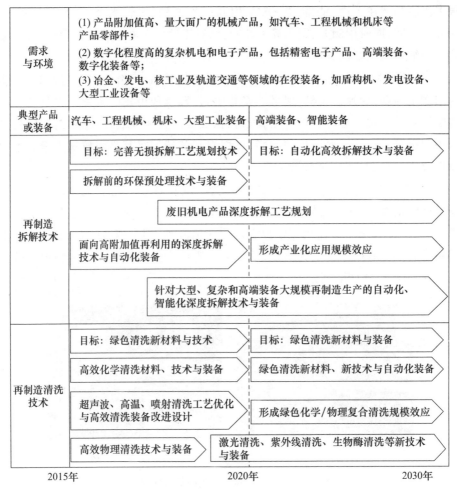

图4-13 再制造拆解与清洗技术路线图[39]

参考文献

[1] 装备再制造技术国防科技重点实验室,中国重汽集团济南复强动力有限公司,合肥工业大学,等.再制造 术语:GB/T 28619—2012[S].北京:中国标准出版社,2012.

[2] 装备再制造技术国防科技重点实验室,中国重汽集团济南复强动力有限公司,上海出入境检验检疫局,等.再制造 机械产品拆解技术规范:GB/T 32810—2016[S].北京:中国标准出版社,2016.

[3] 中国汽车技术研究中心,大众汽车(中国)投资有限公司. 道路车辆 可再利用性和可回收利用性 计算方法:GB/T 19515—2004[S]. 北京:中国标准出版社,2004.

[4] 中国重汽集团济南复强动力有限公司,合肥工业大学,上海出入境检验检疫局,等. 再制造 机械产品清洗技术规范:GB/T 32809—2016[S]. 北京:中国标准出版社,2016.

[5] 徐滨士,等. 装备再制造拆解与清洗技术[M]. 哈尔滨:哈尔滨工业大学出版社,2019.

[6] 颜克伦,王伏林,王灿,等. 面向再制造的液压泵拆解装置研究与虚拟拆解实验[J]. 液压气动与密封,2021,41(10):37-45.

[7] 天津工程机械研究院,杭州宗兴齿轮有限公司,山重建机有限公司,等. 土方机械 零部件再制造 拆解技术规范:GB/T 32804—2016[S]. 北京:中国标准出版社,2016.

[8] 上海汽车工业(集团)总公司,广州市花都全球自动变速箱有限公司,中国人民解放军第6456工厂,等. 汽车零部件再制造 拆解:GB/T 28675—2012[S]. 北京:中国标准出版社,2012.

[9] 罗继业. 全球飞机拆解行业发展综述[J]. 2016,122(3):1-15.

[10] 祖耀,肖人彬,刘勇. 具有迭代特征的复杂机械产品概念设计模型[J]. 机械工程学报,2006,42(12):197-205.

[11] XIAO R B,ZU Y,MEI S Q. Creative product configuration design by functional features[J]. Journal of Manufacturing Systems,2012,31(1):69-75.

[12] 王伏林. 基于信息驱动的拆卸设备设计方法研究[J]. 现代制造工程,2016(8):143-150.

[13] 吴博. 基于信息驱动的工程液压油缸拆解平台设计[D]. 长沙:湖南大学,2015.

[14] 张冠新,陈志良. 一种小型汽车一站式拆解工艺:CN108749960A[P]. 2018-11-06.

[15] 肖凯业,郑文,许海,等. 多工位流水线及控制方法:CN107128662A[P]. 2017-09-05.

[16] 邓杨,孟虹宇,吴冬桃. 激光清洗技术的应用前景研究[J]. 内江科技,2020,43(1):134-135.

[17] 段成红,陈晓奎,罗翔鹏. 激光清洗在石化领域的应用前景浅析[J]. 光电

工程,2020,47(11):3-15.

[18] 李浩宇,杨峰,郭嘉伟,等. 激光清洗的发展现状与前景[J]. 激光技术,2021,45(5):654-661.

[19] 宣善勇. 飞机复合材料部件表面激光除漆技术研究进展[J]. 航空维修与工程,2016(8):15-18.

[20] 刘伟军,索英祁,姜兴宇,等. 激光清洗过程低碳建模与工艺参数优化[J]. 机械工程学报,2023,59(7):276-294.

[21] 雷正龙,孙浩然,田泽,等. 不同时间尺度的激光对铝合金表面油漆层清洗质量的影响[J]. 中国激光,2021,6(48):1-10.

[22] 成健,方世超,刘顿,等. 金属表面激光清洗技术及其应用[J]. 应用激光,2018,6(38):1028-1037.

[22] 刘鹏飞,王思捷,刘照围,等. 激光清洗技术的应用研究进展[J]. 材料保护,2020,53(4):43-146.

[24] 吴梦莹,向绍斌,关雪丹,等. 高能脉冲激光清洗技术应用研究[J]. 今日制造与升级,2021:1(10):56-61.

[25] 白鹤立. 锈蚀钢板连续-纳秒组合激光无损增效清洗研究[D]. 长春:长春理工大学,2022.

[26] 曹朝阳. 我国激光清洗专利分析[J]. 天津科技,2020,3(47):15-17.

[27] 何磊,况阳,罗雯军. 舰船装备涂层高效去除与清洗技术概述[J]. 电镀与涂饰,2021,40(16):1301-1305.

[28] 王永强,薛胜雄,韩彩红,等. 船舶除锈用水作业新工艺研究[J]. 中国修船,2011,24(4):11-14.

[29] 彭松,杨成,牛焱,等. 超高压水射流自动清洗技术在汽车涂装车间的应用[J]. 中国设备工程,2018,(18):141-144.

[30] 薛胜雄,齐永健. 超高压水射流设备的关键技术[J]. 流体机械,2009,37(4):33-37.

[31] 超高压水清洗机[Z]. 南京:南京大地水刀股份有限公司,2009.

[32] 王永强. 超高压旋转水射流技术及其表面处理工程应用[Z]. 合肥:合肥通用机械研究院,2010.

[33] 钱艳平,陈政文,黄紫龙. 超高压水射流技术在SG二次侧排污穴应用[J]. 设备管理与维修,2021(22):89-91.

[34] 帅刚,邱骥,蔡嘉辉. 新型除漆技术的应用现状[C]//2015年第二届海洋

材料与腐蚀防护大会论文全集,2015:107-110,115.

[35] 白连庆,马恩堂,白连军,等.感应加热清洗旧油管技术的应用[J].石油矿场机械,2004(S1):54-56.

[36] 郑建林,王友涛,栗娜娜,等.干冰射流技术清洗航空发动机积碳[J].航空动力,2022(1):72-74.

[37] 隋江波,褚政,陈邓安.退役舰船回收拆解单位资质评估[J].船舶标准化工程师,2014(2):1-9.

[38] 张倩,于瑞东,鲁彦志,等.盾构机再制造清洗技术概述[J].现代制造技术与装备,2019(10):153-154.

[39] 中国机械工程学会再制造工程分会.再制造技术路线图[M].北京:中国科学技术出版社,2016.

第5章 再制造损伤检测与寿命评估技术及其应用

再制造损伤检测与寿命评估技术目前主要针对再制造零件开展。再制造零件由再制造毛坯基体和再制造强化涂覆层两部分组成。再制造毛坯是指已产生损伤的废旧零件;再制造涂覆层是指以再制造毛坯的薄弱表面或失效表面制备的一层强化涂覆层,既恢复零件尺寸,又提升零件性能[1]。

再制造毛坯具有既往服役历史,会产生累积损伤。再制造涂覆层与再制造毛坯基体结合将产生新的表界面,引入新的薄弱区域。因此,进行再制造生产时,为了保证再制造产品质量,必须采用损伤检测和寿命评估技术,定量评价损伤程度,给出寿命预测结果,据此建立特定再制造产品的质量评价准则,为再制造产品的质量控制提供理论依据和技术支撑。

5.1 再制造损伤检测与寿命评估的概念与内涵

再制造损伤检测与寿命评估,是指定量检测评价再制造毛坯、涂覆层及界面的具有宏观尺度的缺陷,或以应力集中为代表的隐性损伤程度,以此为基础评价再制造毛坯的剩余寿命与再制造涂覆层的服役寿命,给出再制造毛坯能否再制造和再制造涂覆层能否承担下一轮服役周期的评价技术。

再制造生产以废旧零件作为毛坯。通过采用再制造成形关键技术形成再制造产品,其质量可以达到甚至超过原型新品性能。再制造生产与制造生产相比具有很大的不确定性,这主要是由再制造生产对象的特殊性所决定。再制造生产对象损伤程度、服役工况及失效模式,具有随机性和个体差异性,非常复杂。因此,不同行业领域开展再制造生产时,为了保证再制造产品质量,必须采用损伤检测技术检测再制造产品的宏观缺陷或隐性损伤,进而进行寿命评估,以保证再制造产品的服役安全。

相比较国外普遍采用的"减材"再制造模式(换件或减尺寸修复),中国在世界上率先提出了增材再制造。对再制造毛坯损伤部位开展局部逆向增材,恢复零件尺寸并提升性能。在增材再制造模式下,形成了再制造毛坯基体、界面及强化层的特殊再制造零件结构,由此推动了再制造损伤检测与寿命评估技术的产生和发展。

磨损、腐蚀和疲劳是机械零件的 3 种典型失效形式,进行剩余寿命评估时需要采用适宜的评估方法,一般有有损评估方法和无损评估方法两种,或两种方法同时采用。其中,有损评估方法包括力学、物理、化学等性能测试评估方法,如强度、硬度、塑性等,也包括磨屑、腐蚀产物、金相组织等失效痕迹分析。无损评估方法包括磨损损伤零件无损评估方法、腐蚀损伤零件无损评估方法和疲劳损伤零件无损评估方法 3 种。其中,磨损损伤零件无损评估方法主要是针对发生磨损失效的机械零件,依据零件磨损量采用满足适当精度要求的无损测试评估方法,获得机械零件的磨损劣化速率;腐蚀损伤零件无损评估方法主要是针对发生腐蚀失效的机械零件,采用化学方法分析腐蚀产物,依据腐蚀缺陷的深度和长度采用满足适当精度要求的无损测试评估方法,获得机械零件的腐蚀劣化速率;疲劳损伤零件无损评估方法主要是针对发生疲劳失效的机械零件,其疲劳裂纹未萌生时,依据应力应变状态采用满足适当精度要求的无损测试评估方法,其疲劳裂纹萌生后,依据裂纹缺陷或当量裂纹缺陷的位置、长度、深度等采用满足适当精度要求的无损测试评估方法。

再制造损伤检测包括针对再制造毛坯开展的表面及内部损伤检测技术;针对再制造涂覆层开展的涂层缺陷、残余应力、结合强度等损伤检测技术;针对再制造毛坯与涂覆层界面开展的界面脱粘、界面裂纹等损伤检测技术;以及针对逆向增材再制造获得的再制造产品,研究重新服役过程中实时健康监测技术等。再制造寿命评估本质上是针对具有既往服役历史的废旧零件基体开展剩余寿命评估,以及针对局部增材形成的再制造强化涂覆层开展服役寿命评估。开展再制造寿命评估,首先要进行再制造损伤检测,要求对再制造毛坯基体、界面及涂覆层存在的宏观缺陷实现定量检测。它依靠无损检测技术,特别是先进的无损检测技术。准确定位、定性和定量缺陷,是实现再制造寿命评估的前提和关键[2]。将先进无损检测技术与再制造寿命评估相结合,探索无损检测新技术在再制造寿命评估领域应用的可行性和技术途径,寻求准确、便捷的无损寿命评估新方法,一直是再制造寿命评估领域的前沿课题。

再制造损伤检测与寿命评估技术受到国内再制造行业的广泛重视并快速发展,推动再制造产品质量评价工作不断丰富和完善。2017 年,发布了 GB/T 34631—2017《再制造机械零件剩余寿命评估指南》国家标准。这份标准不仅是我国执行的国家标准,同时也是世界范围内第一份关于再制造产品寿命评估类技术标准文件。该标准基于不同类型的机械产品典型零件的特点,结合机械零件的实际使用状态,从材料级、零件级、部件级和整机级 4 个层次提出了可采用的评估方法(表 5 – 1)。对再制造机械零件的剩余寿命进行评估,以判断能否进入下一个生命周期,满足再制造产品的质量要求[3-4]。

表 5 – 1　再制造机械零件寿命评估包含的检测方法[3]

检测层次		有损检测方法	无损检测方法
材料级	力学性能	电学性能、光学性能、传热性能、结晶学性能等测试方法	应力应变电测法、X 射线衍射残余应力测试、疲劳极限磁性测试等
	物理性能	电学性能、光学性能、传热性能、结晶学性能等测试方法	磁性测试、光学测试、热学测试等
	化学性能	抗氧化、耐腐蚀、耐有机溶剂、耐老化、化学稳定性等测试方法	化学测试、稳定性测试
零件级	摩擦磨损测试	环块式、销盘式	三坐标机测量、机器视觉测量
	腐蚀测试	盐雾腐蚀、应力腐蚀、大气腐蚀、电化学腐蚀	内窥镜检测
	结构疲劳测试	承力件结构疲劳、旋转件结构疲劳、传动件结构疲劳	红外检测、声发射检测
部件级		耐久性测试、加速寿命测试、磨合测试	噪声测试、应变测试、动平衡测试、振动模态测试、功率测试、油液测试、使用特性测试、温度测试等
整机级		耐久性测试、加速寿命测试、磨合测试	整机测试

5.2 再制造损伤检测技术

开展再制造零件的损伤检测,最为重要的是检测再制造毛坯以及涂覆层的损伤程度。该损伤程度可能由宏观缺陷导致,也可能由隐性损伤带入。再制造损伤检测技术的种类较多,选择适宜的检测方法,需要考虑再制造零件的失效模式。再制造毛坯及涂覆层常见磨损、腐蚀和疲劳3种主要的失效模式[5]。其中,磨损和腐蚀损伤存在于表面,表面有磨损或腐蚀产物,损伤特征宏观可见。而疲劳失效是在工况应力远低于屈服极限的条件下发生的,具有隐蔽性和突发性,常造成灾难性后果。它在结构表面或内部应力集中部位萌生疲劳裂纹,交变载荷作用下裂纹逐渐扩展直至断裂。针对疲劳损伤的检测是再制造损伤检测技术的研究重点。宏观缺陷及隐性损伤是再制造损伤检测技术的主要研究对象。

5.2.1 宏观缺陷检测技术

宏观缺陷检测技术采用现有的各种类型无损检测技术。目前,国内外最常采用射线、超声、涡流、磁粉、渗透5大类常规无损检测技术对再制造零件表面或内部形成的宏观缺陷进行定量评价[6-7]。宏观缺陷指在三维空间上达到一定尺度的缺陷,如气孔、裂纹等。

(1)射线检测是利用X射线和γ射线等在穿透物体过程中发生衰减的性质,在记录介质(如感光材料)上获得穿透物质后射线的强度分布图,根据图像对材料内部结构和缺陷种类、大小、分布状况进行分析判断,并给出评价的一种无损检测方法。

射线成像检测技术几乎适用于所有材料,能直观地显示缺陷影像,便于对缺陷进行定性、定量分析。其特点是对体积型缺陷比较灵敏,如焊缝和铸件中存在的气孔、夹渣、密集气孔、冷隔和未焊透、未熔合等缺陷,但难于发现垂直射线方向的薄层缺陷。射线检测过程中不存在污染,但辐射对人体和其他生物体有害,在操作过程中需作特殊防护。在现代工业中射线成像检测已成为一种十分重要的无损检测方法。

人们在射线成像检测基本原理的基础上,根据不同检测需求对成像方法不断进行改进,截至目前,根据成像方式不同,可以将射线成像检测分为两类:一类是以获得单张射线照片为目的的射线照相检测技术[8];另一类是以获得射线实时图像为目的的射线实时成像检测技术,其成像介质经历了荧光板、图像增强器和射线传感器3个阶段[9]。目前,以数字化X射线成像(Digital Radiography,DR)和工业计算机断层扫描(CT)技术为代表的数字化实时成像技术正在逐步取代照相检测技术。

(2)超声检测是通过发射器和接收器产生和接收超声波,利用超声波与被检工件的相互作用,对工件进行宏观缺陷检测、几何特征测量、组织结构和力学性能变化的检测和表征。根据不同的检测原理,超声波检测方法可分为脉冲反射法、穿透法和共振法。此外,根据检测所用的波形不同,超声检测又可分为纵波法、横波法、表面波法和板波法等[10]。

常规的超声检测采用单晶片探头发射超声波声束,采用双晶片探头或者单晶片聚焦探头来减小盲区和提高分辨率。由于超声场在介质中是按照特定角度的轴线方向传播,因此此种单一的限定角度的扫查,限制了单探头超声检测对于不同方向缺陷的高效大范围的评价能力。在此需求之下,超声相控阵技术应运而生。

超声相控阵检测技术最早开始于20世纪60年代,其基本原理是借鉴雷达电磁波相控阵技术。超声相控阵检测探头的特点是由多个压电晶片(换能器)单元组成的阵列来进行能量转换,而不再是单一的压电晶片。超相控阵探头的晶片排列分为不同的阵列形式,如一维线形阵、二维矩形阵、一维环形阵、二维扇形阵等[11]。利用电子技术控制不同阵元之间的发射和时间延迟,依次激励一个或几个单元换能器,产生具有不同相位的超声相干子波束在空间叠加干涉,从而得到预先希望的多个波束入射角度和焦点位置,形成发射聚焦或声束偏转等效果,实现多位向缺陷的同时发现。单晶片超声探头和相控阵多晶片探头如图5-1所示。

(a) 单晶片超声探头

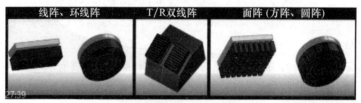

(b) 相控阵多晶片探头阵列

图5-1 单晶片超声探头和相控阵多晶片探头阵列

超声相控阵最初的电子控制系统比较复杂,且由于固体波动传播的复杂性及成本费用高等原因,在工业无损检测中的应用受到限制。随着压电复合技术、电子技术、模拟仿真技术以及探头的不断优化提升,截至20世纪80年代初,超声相控阵检测技术从医疗领域拓展进入工业无损检测领域。到21世纪初,该技术进入成熟阶段。由于其灵活的声束偏转及优异的聚焦性能,超声相控阵检测技术越来越广泛地被应用于各个领域的缺陷检测,在再制造领域也发挥着越来越重要的作用[12]。

(3)涡流检测是基于电磁感应原理揭示导电材料表面和近表面缺陷的无损检测方法。涡流检测速度快,特别适合管材、棒材的检测,对表面和近表面缺陷有较高的灵敏度,可对大小不同的缺陷进行评价,能在高温状态下进行探伤,可用于异形材和小零件的检测,不仅可检测导电材料的缺陷,而且可检测材料的电导率、磁导率、热处理状况、硬度和几何尺寸等,使用广泛。根据不同的检测目的,可选择采用涡流电导仪、涡流探伤仪、涡流测厚仪等不同类型的仪器。涡流检测的自动化程度较高,但只能检测导电材料,难以判断缺陷种类,灵敏度相对较低。

随着涡流检测理论的进一步完善,各种新的涡流检测技术发展迅速,这些技术主要有阻抗平面显示技术、多频涡流检测技术、远场涡流检测技术、涡流三维成像技术、脉冲涡流检测技术等[13-15]。

(4)磁粉检测是基于缺陷处漏磁场与磁粉的相互作用而显示铁磁性材料表面和近表面缺陷的无损检测方法。当外加激励磁场时,铁磁材料被磁化,磁化后的材料可以认为是许多小磁铁的集合体,在材料连续部分的小磁铁的N极、S极相互抵消,不呈现磁性。如果材料中含有缺陷,在缺陷部位,由于缺陷造成材料不连续,磁力线被缺陷截断,缺陷开口处聚集异性磁荷,呈现不同的磁极,磁粉吸附在缺陷位置从而指示缺陷。磁粉检测的目标是形成不连续的可靠指示,这依赖磁粉的选择和使用,能在给定条件下获得最佳的特征指示。磁粉显示介质选择不合理,可能导致磁痕无法形成,或过于细小,或产生畸变,导致错误判断。

磁粉检测技术可用于检测裂纹、折叠、夹层、夹渣等。磁粉检测所用设备结构简单、操作方便,观察缺陷直观快速,能确定缺陷的位置、大小和形状,有较高的检测灵敏度,尤其对近表面裂纹特别敏感,但只能检测铁磁材料,探伤前必须清洁工件,某些应用要求探伤后给工件退磁。

(5)渗透检测是最早使用的无损检测方法之一。除了表面多孔性材料以外,渗透检测可以应用于各种金属、非金属材料以及磁性、非磁性材料的表面开口缺陷检测。渗透检测方法简单，操作简便，不受工件几何形状、尺寸大小的影响。一次检测可以探查任何方向的缺陷。但只能检测表面开口缺陷，工序较多，不能发现皮下缺陷、内部缺陷等。

渗透检测的基本原理是利用渗透液的润湿作用和毛细现象而在被检测材料和工件表面上浸涂某些渗透力比较强的渗透液，将液体渗入孔隙，然后用水和清洗剂清洗材料去除工件表面的多余渗透液，最后再用显示材料施加在被检测工件表面，经毛细管作用，将孔隙中的渗透液吸引出来并进行显示。

渗透检测中，渗透剂和清洗剂的性能对渗透检测的质量起着十分关键的作用。目前，渗透剂有荧光渗透剂和着色渗透剂两大类。因此，按照渗透剂中溶质的不同可分为着色检测和荧光检测两大类。研究清洁无污染和高效能的渗透材料是目前研究的热点方向。

5.2.2 隐性损伤检测技术

再制造毛坯的既往服役历史，不仅会产生宏观缺陷，还可能产生不可见的隐性损伤。目前工程上无损检测技术能够发现的缺陷精度达到100 μm，对于更加微小尺度的损伤，由于超出了现有无损检测仪器的识别能力，难以发现而被称为隐性损伤。隐性损伤作为尚未形成可辨别的宏观尺度缺陷的早期损伤，具有更微观和细观的特点。其内部结构状态的变化非常微小和复杂。既有微观位错结构的变化，又有原子、分子水平的微裂纹萌生。损伤累积引起的物理参量的变化也非常微弱，采集材料本身的物理参量变化十分困难。

由于隐性损伤发展到宏观缺陷的时间占据了构件寿命的绝大部分时间，其对构件宏观力学行为及性能的影响非常重要，隐性损伤的检测具有重要意义。然而，由于隐性损伤不具有可辨识的物理参量的改变，常规无损检测方法都无法实施。目前仅有金属磁记忆检测技术、非线性超声技术等为数很少的无损评价方法能够用于早期损伤评价，但这些技术尚处于实验室探索阶段，未形成再制造工程应用的标准规范。

金属磁记忆检测技术是一种弱磁性无损检测技术。该技术是1997年在美国旧金山举行的第50届国际焊接学术会议上，由俄罗斯学者Doubov教授正式提出。金属磁记忆检测技术认为铁磁材料在地磁场环境中受到工况载荷的作用，在应力集中区域磁畴结构发生不可逆变化，在应力集中部位生成自有漏磁场，自有漏磁场即使在卸除载荷的情况下依然存在，"记忆"应力集中部位，即产生金属磁记忆现象[16-18]。其原理如图5-2所示。

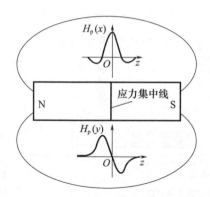

图 5-2 金属磁记忆现象原理示意图

金属磁记忆检测技术利用铁磁材料损伤区域自发产生的漏磁信号进行损伤的检测,理论上具有诊断隐性损伤的可能性。但是作为一种新兴的无损检测方法,它的理论基础仍然薄弱,弱磁信号如何定量化尚有很多工作有待深入研究。

金属磁记忆检测技术由俄罗斯学者 Dubov 教授提出。最初,仅定位于该技术能够发现铁磁材料应力集中的部位。在工程应用方面,Dubov 教授将磁记忆技术应用于化工设备、锅炉、涡轮叶片、管道的现场检测,并提出了用金属磁记忆技术来判断金属性能的方法;通过对带有缺陷的铁磁性管件受力时自有漏磁场特点的研究,提出了确定铁磁材料产品中应力的方法,并利用金属磁记忆方法来控制焊接质量[19]。

国内对磁记忆技术的应用也进行了大量研究:李午申等对焊接裂纹磁记忆信号的零点特征及特征提取、定量化进行了比较深入的研究;张卫民等将磁记忆技术应用于应力腐蚀、压力容器、承载铁磁性连接件等金属零部件。邢海燕等研究了正、反两面拉、压载荷下钢板焊缝磁记忆信号的变化规律,以及热处理质量对磁记忆信号的影响,研究结果表明:拉伸载荷下磁记忆信号比压缩载荷下变化明显,焊缝正面应力集中较大,焊缝的热处理效果可以在磁记忆特征信号上得到体现,磁记忆检测技术可以对焊缝质量进行早期评价。陆军装甲兵学院研究团队发现了磁记忆信号不仅能够表征弹塑性变形的不同阶段,而且捕获了疲劳裂纹扩展过程中的异变峰演变特征[20-21]。图 5-3 展示了弹塑性变形和疲劳裂纹的磁记忆信号特征。

虽然经过 20 余年的发展,磁记忆检测技术已经获得长足进步,但在再制造领域的应用,该技术还存在一些需要深入解决的问题。

(1)在基础理论方面,虽然国内外学者已经开展了系统研究,但是由于金属磁记忆检测技术涉及多学科交叉,如铁磁学、磁性物理学、弹塑性力学、断裂力学

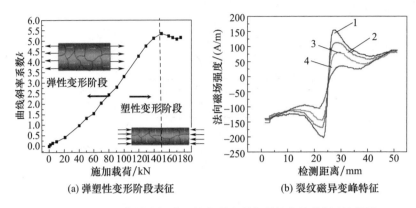

图 5-3 磁记忆信号表征弹塑性变形和裂纹磁异变峰特征(见彩图)

等,其理论模型不明确,微观机理不明晰,影响因素不确定,目前很难建立一个普适的理论模型,因此还需要对磁记忆现象微观物理机制进行深入探索,进而形成准确严密的理论体系。

(2)进行金属磁记忆检测时,材料参数、检测环境等的影响结果和影响机制还不明确,各种作用因素之间是否会相互影响也不清楚,如何剔除这些不利影响,尽可能精确地提取铁磁性构件表面真实的磁记忆信号,有待进一步探讨和研究。

(3)如何确定哪些磁记忆检测信号的特征参量是有用的,引入更多先进的、可靠的特征参量提取方法仍然不是很明确,只有能够合理地运用这些特征参量才能够提高金属磁记忆检测技术定量检测再制造损伤和寿命评价能力。

除了上述金属磁记忆检测技术,非线性超声也是一种对隐性损伤具有潜力的先进无损检测技术。非线性超声利用超声波传播过程中产生的非线性效应进行检测,而前述的常规超声检测技术实质上属于线性超声检测。线性超声波在固体介质传播过程中也会产生非线性效应,只是在大多数情况下,这种非线性效应十分微小,由此引起的变化很难从检测信号上体现出来。然而这些非线性超声效应信号包含了缺陷和材料属性的相关信息,对于损伤早期产生的微观尺寸缺陷较为敏感,能够有效地表征材料微观结构的变化,可以作为一种有效的材料损伤检测手段。因此,人们将材料的早期损伤造成的性能退化与非线性效应联系起来,发现材料性能退化可增强透过材料传播的超声波的非线性,表现为高频谐波的增强,根据这一现象可用来监测材料性能的退化程度。由此发展出非线性超声检测技术[22]。非线性超声检测技术主要利用基波、二次谐波、三次谐波及非线性超声系数来评价材料的早期损伤。非线性超声可用来评价早期疲劳损伤、蠕变损伤、热辐照损伤等。图5-4给出非线性超声损伤检测原理装置示意图。

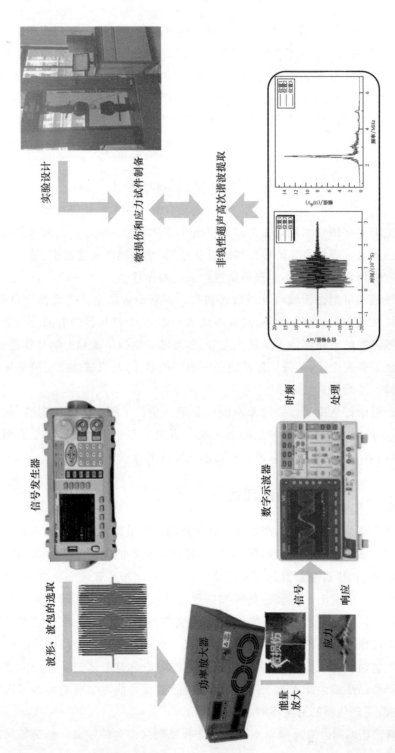

图5-4 非线性超声检测隐性损伤原理装置示意图

与传统方法相比,非线性超声检测的灵敏度更高,且部分方法能对微损伤进行定位(如波束混叠法),是对常规线性超声检测方法的进一步发展。然而非线性超声的理论机理复杂,信号解析难度大。如谐波法检测的灵敏度高,但是难以直接区分系统非线性与材料非线性;波束混叠法可以对局部区域非线性情况进行检测表征,但是需要挑选合适的激励模态等。非线性超声检测技术尚有待进一步发展和成熟。

5.3 再制造寿命评估技术

再制造寿命评估技术建立在再制造损伤检测技术的基础之上。依据再制造损伤检测技术对宏观缺陷及隐性损伤的量化结果,结合损伤演化速率,基于力学理论建立寿命评估模型,最终实现再制造产品的寿命评估。

制造领域和再制造领域均有寿命评估技术。寿命评估也称寿命预测,顾名思义就是指在规定的运行工况下,能够保证机器安全、经济运行的时间。制造领域针对机械装备的寿命评估工作最为充分,多是基于模拟仿真和力学计算进行。它对于保证设备安全运行、提高经济效益有重要的意义,是机械装备高可靠度完成服役的核心要素之一。

再制造寿命评估由于评估对象的既往服役历史带来损伤的不确定性,相对更为苛刻,因此对损伤检测技术依赖度更高。再制造寿命评估涉及两个方面的内容,即再制造毛坯的剩余寿命评估和再制造零件的服役寿命评估[23]。

5.3.1 再制造毛坯的寿命评估

再制造毛坯是再制造的生产对象。它与新品制造阶段使用的毛坯不同。制造毛坯是用来加工形成新品的坯料,它由经过严格检查的无缺陷原材料经铸锻焊等工艺制成,初步具有新品的形状特征,几何尺寸比新品有较大盈余量,以便后续机械加工。制造毛坯需经过精密加工获得最终的精确形状,形成新品。而再制造毛坯是报废机械装备的零部件,已经具备零件的最终尺寸,只是在既往服役历史中可能在零件的不同位置产生不同类型、不同程度的隐性损伤或显性损伤,如磨损、腐蚀、变形及开裂等。再制造毛坯的损伤具有个体差异性。为了保证再制造产品的质量性能不低于新品,再制造前必须评估再制造毛坯的可再制造性,为此需要评估再制造毛坯的剩余寿命。

再制造毛坯的剩余寿命概念不同于制造领域剩余寿命的定义。制造领域剩余寿命的概念是产品(结构)总寿命 X 减去已用寿命(时间)X_{t} 之差,即 $X_{\mathrm{r}} = X - X_{\mathrm{t}}$。其中,产品总寿命是产品设计阶段所确定的设计寿命。要确定设计寿命,必须综合考虑产品尺寸、结构、表面、形状等影响因素,同时增加安全系数,综合各种因素获得计算寿命,再除以安全系数才得到产品的设计寿命。这使得机械零部件存在较大的冗余寿命,即使服役期结束,到寿报废后零件基体仍存在足够的剩余强度。因此,工程界剩余寿命的表达式适用于新品机械装备零部件,而不适用于再制造毛坯。

再制造毛坯是已经到寿而报废的零部件,按照上述表达式,其总寿命已全部使用完毕,剩余寿命为零。但是这些所谓报废零部件中仍蕴含着相当的剩余强度,这既为再制造奠定了物质基础,同时也是能够开展再制造毛坯剩余寿命预测的根源。废旧零部件的这种剩余强度(意味着再制造毛坯具有剩余寿命),目前传统方法未能充分表述,需要全新的定义。

再制造毛坯的剩余寿命是指构成再制造毛坯的基体材料经过一轮服役周期后,由于仍有剩余强度而具有的实际剩余寿命。它与结构的剩余强度紧密相关,同时与设计阶段采用的安全系数大小有关。对废旧零件的剩余寿命进行评估与预测是保证再制造产品高质量服役的重要基础。由于涉及的随机因素较多,因此很难采用理论方法进行预测,需要采用无损检测等多种手段准确评估出结构实际的剩余强度。

当前再制造毛坯的寿命评估主要有 3 种解决途径:

第一种是基于损伤力学及断裂力学的相关知识,借助理论计算或疲劳试验手段,建立疲劳宏观力学反应量之间关系的理论模型来预测寿命[24]。这种方法目前常通过各种疲劳试验形式(如拉压、弯曲、扭转、滚动、振动等)来模拟实际工况环境进行试验,再基于数学和力学理论分析来建立寿命预测模型。其试验过程复杂,费用昂贵,由于疲劳试验数据的分散性,预测的寿命结果和工况环境下的实际寿命常有差距(5~10倍)。

第二种是随着有限元技术的迅速发展而出现的数值模拟法,通过建立零部件有限元模型,利用多体动力学理论建立虚拟样机,利用软件模拟出零部件在实际工况下的运动及应力应变响应,再根据有限元计算结果,结合应力、应变寿命曲线和适当的损伤累积法则,实现构件的疲劳寿命预测,并以可视化方式显示零部件的疲劳寿命分布及疲劳的薄弱部位。这种方法虽然可以在一定程度上解决实际测试材料的疲劳特性、工作载荷谱等试验周期过长、耗费巨大的问题,但是受载荷边界条件设置的影响,有限元模拟结果常和实际寿命差距较大。

第三种是采用无损检测方法检测构件中缺陷的发生、发展情况,进行质量评价及寿命预测。这种方法可以针对工程真实构件实施,操作简便,结果准确。采用这种方法的关键在于,必须选择到适合于被测构件的无损检测方法,要求该方法能够捕获被测构件服役过程中因损伤而导致的局部或整体中某些参量变化,利用这些参量变化来表征构件不同的损伤程度[25-26]。采用无损检测方法确定损伤程度,尤其是识别早期损伤,捕获可检测的参量,仍是较长时间内的研究热点和难点。

采用上述第三种方法开展再制造毛坯的剩余寿命评估,评估的准确性取决于再制造损伤检测能够达到的极限阈值。当前主要面临两方面的技术挑战:一是极端条件对再制造损伤检测技术提出的挑战;二是微小尺度缺陷对损伤检测技术定量检测能力的挑战。

第一种挑战面临的是高端装备主动再制造的需求。目前,高端装备的服役环境越来越苛刻,高速、高载、高压、高温、高真空、风沙、强光照等极端服役条件,导致关键部件多种复杂失效模式耦合,寿命劣化特征参量的提取和分离非常困难。仍需发展传感新技术及信号分析新方法来破解上述难题。

第二种挑战预示着损伤检测技术仍要不断向发现微小尺度缺陷方向拓展。宏观缺陷都是由微小裂纹发展而来的。微小裂纹的定量化是毛坯可再制造性评价的基础。目前工程界能够发现的小裂纹极限尺寸定位在 0.1mm,在微米尺度内小裂纹的定量评估受到损伤评价技术的局限。

通过开展损伤检测及寿命评估的相关研究,研发新型物理参量传感检测的先进无损检测方法,形成再制造毛坯极端工况下高可靠度的再制造性评价方法,建立典型再制造毛坯剩余寿命评估技术规范和标准,研发再制造毛坯剩余寿命评估设备,推动产业化应用。

5.3.2 再制造零件的寿命评估

再制造零件是再制造生产出来的产品,是在经检测符合再制造要求的再制造毛坯表面,应用一系列高新技术进行再制造后的产物。再制造零件直接面向苛刻工况的服役需求,其质量是决定再制造成败的关键。对再制造零件进行寿命评估不可或缺。可靠、精确的寿命评估对于再制造产品的服役安全意义重大。

再制造零件的寿命评估,实质上是对零件表面的各类涂覆层(如热喷涂层、激光熔覆层、各类镀层等)在特定服役条件下使用寿命的预测。再制造零件常见的服役失效模式包括磨损、疲劳、腐蚀等,其中磨损、腐蚀等失效模式肉眼可见,其寿命评估主要是根据磨损和腐蚀的速率进行。疲劳失效,具有隐蔽性、突发性和强烈的破坏性,针对疲劳寿命的评估,具有更现实的意义。因此再制造零件的寿命评估分化成各类再制造涂覆层在疲劳环境下的寿命评估。另外,再制造零件寿命评估方法的选择要考虑相关服役工况、再制造工程材料等方面的因素,要具体问题具体分析。

再制造喷涂层是常见的一类再制造涂覆层。喷涂技术在制备涂层过程中形成了逐层铺展、层层堆垛的特殊涂层结构,与再制造毛坯基体均匀连续的材料状态完全不同,因而也具有与再制造毛坯不同的失效行为与模式。涂层特殊结构带来的失效行为的差异,也使得涂层的寿命评估具有自身的特点,需要根据涂层失效模式的特点开展寿命评估。

接触疲劳失效是喷涂涂层常见的失效模式。热喷涂涂层与再制造毛坯基体的界面结合强度远低于基体强度,受到交变载荷作用,经历一定次数循环后,涂层接触表面会产生麻点、浅层或深层剥落及内部分层或界面分层直至涂层失效破坏。

涂层的接触疲劳性能和失效机制研究仍处于起步阶段。以往的研究多着眼于用不同喷涂方式制备的不同材料体系涂层之间接触疲劳性能的对比上,同时兼顾考察喷涂工艺、润滑条件等因素对涂层接触疲劳行为的影响。在同一实验条件下,一般采用一个或几个(小样本空间)试样进行研究。而疲劳实验结果具有很大的随机性和分散性,所以在相同的条件下需要进行大量的疲劳实验,才能获得相对可靠的结果。

用于再制造喷涂层接触疲劳寿命评估的研究方法,主要可以分为3大类:力学理论模型法、疲劳试验法和有限元分析法。其中,力学理论模型法先通过理论推导建立寿命模型公式,再通过试验获取模型所需参数,从而达到评估涂层寿命的目的。疲劳试验法则注重对疲劳数据的分析,通过疲劳试验机得到寿命数据,采用威布尔分布等统计模型分析所得数据,建立不同寿命影响因素与涂层疲劳寿命之间的关系。有限元分析法则采用计算机软件模拟涂层实际工况的方法,对涂层中的部分参量进行科学估计,是上述两种方法的补充。

(1)采用力学理论模型的涂层寿命评估方法,需要将表征寿命的重要参数,如缺陷尺寸、结合强度、残余应力、涂层材料特性等,当作确定的参量来处理。由于涂层结构的特殊性,在热喷涂涂层接触疲劳失效的工况中,这些参数往往是离散的,难以真实反映涂层质量,造成寿命评估结果的分散性。为了获得更可靠的寿命评估结果,疲劳试验必须达到一定数量,试验结果才能对构建的寿命评估公式进行验证,以确保公式的预测精度。

(2)疲劳试验法,目前基本上都是采用控制变量法获取涂层寿命数据,得到一类或几类影响因素与涂层疲劳寿命之间的关系。虽然可以通过优化工艺或其他手段减小影响因素与涂层疲劳寿命之间的关联,但是并未减小到对试验结果的影响可以忽略不计的地步。为此需要引入概率统计理论,分析疲劳试验数据,将各参量视为具有一定分布特征的随机量,研究它们的分布规律,并采用概率方法考虑参量的随机性,以得到具有一定可靠度的寿命评估结果。这是涂层疲劳寿命数据分析的重要研究方向之一。

(3)有限元分析法是上述两种方法的有效补充,通过对涂层内部应力状态(大小和分布)的模拟,计算出模型预测法中的临界切应力值,可较好地从涂层内部切应力状态变化的角度,探索疲劳试验法中部分影响因素导致不同涂层寿命及失效模式的根本机理。

上述3种寿命评估方法,都需要引入先进无损检测技术,借助无损检测各种工艺方法,定位定量涂层结合强度、接触应力、残余应力、厚度、涂层缺陷尺寸和位向等寿命影响参量,为涂层疲劳寿命评估提供关键依据。

再制造涂覆层无论是机械嵌合类,还是冶金结合类,裂纹和气扎都是最主要的涂层缺陷。根据检测对象的要求,目前检测,多采用常规的无损检测方法。寿命评估技术则是基于获取的涂覆层失效形式采用统计学方法处理[27]。

目前,国内再制造企业采用的涂覆层无损评价工序安排在再制造成形工序之后,以离线方式进行,依靠专门的检测人员采用单独工位、单一设备实施。检测效率低,评价结果的可靠性依赖检测人员的技术水平和经验积累。随着再制造企业的产量日益提高,满足生产线上再制造涂覆层快速检测需求、提高自动化水平成为迫切的技术需求。

信息技术的普及为再制造企业提供了网络化平台,未来再制造企业生产工艺将基于物联网系统来执行。常规的涂覆层缺陷检测和寿命评估技术必须将其评价结果向定量化、数字化、信息化方向转化融合,这些常规评价技术面临着智能化改造升级的挑战。

通过开展再制造涂层缺陷检测及寿命评估技术的相关研究,综合已有的常规再制造涂覆层缺陷检测方法,研发嵌入流水线的再制造涂覆层评价技术与设备,能够实时在线评价涂层质量,提升检测效率和可靠性,提高再制造生产和质量控制的智能化水平。未来的再制造生产将是依靠各类传感器,实现互联互通的智能化生产模式。在自动化设备基础上增加信息传输、通信、存储、分析等组网技术,实现流水线上物料、人工、工具、设备等的物物相连,实现涂覆层寿命评估的智能化。

5.4 再制造检测评估的典型应用

5.4.1 曲轴再制造毛坯损伤检测

废旧曲轴再制造是再制造技术在汽车发动机中典型应用。利用超声相控阵技术可对再制造曲轴连杆轴颈内侧圆角处裂纹进行检测,如图5-5(a)所示为曲轴实物图。根据曲轴断裂失效分析结果可知,连杆轴颈内侧过渡圆角处裂纹缺陷是导致曲轴失效的主要原因,因为此处存在应力集中现象,并且曲轴内部及表层存在夹杂物,严重破坏了金属基体的连续性,使材料的强度和塑性大大降低,成为潜在的微裂纹源,在应力作用下易产生疲劳裂纹,致使曲轴发生疲劳断裂。根据曲轴形状及曲轴轴颈(主轴颈或连杆轴颈)轴向宽度,采用扇扫方法对其进行缺陷检测。采用小尺寸探头,且探头紧贴曲轴连杆轴颈内侧过渡圆角边缘放置。

图5-5(b)所示为对曲轴连杆轴颈内侧过渡圆角处的裂纹进行检测的A扫和C扫结果。A扫图中纵坐标为超声波信号幅值,单位为V;横坐标为超声波传播时间,单位为μs。C扫图中横坐标为探头移动距离,单位为mm;纵坐标为超声波传播距离,单位为mm。由扇扫图显示,在连杆轴内侧过渡圆角处出现了回波信号,即为轴颈的底面回波,显示曲轴连杆轴颈内侧过渡圆角处疲劳裂纹回波信号。

(a) 曲轴实物图

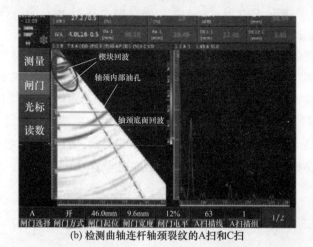

(b) 检测曲轴连杆轴颈裂纹的A扫和C扫

图5-5 曲轴再制造毛坯及其超声相控阵检测结果(见彩图)

5.4.2 航空发动机涡轮叶片损伤评估

机械零件再制造流程的第一步是对再制造毛坯进行检测和评估,目的是剔除无法进行再制造的零件,提高再制造效率,确保再制造产品的质量符合要求。对于具有复杂形状的毛坯件,其内部结构完整性和内部损伤的检测评估较为困难,传统检测手段无法胜任。以某型航空发动机高温涡轮导向叶片为例,由于服役于高温环境,其内部设计了大量空气冷却通道,表面被热障涂层覆盖,且为三片一体铸造成型,内部结构十分复杂,一个服役周期结束后,再制造前需通过检测判断其结构变形程度、内部是否出现了疲劳裂纹以及气体冷却通道是否通畅等。由于内部结构复杂,传统的磁粉、渗透、超声、涡流等检测手段已不再适用,新型的红外、激光等手段也无法充分反映其内部结构。

采用工业 CT 检测系统,对上述航空发动机高温涡轮导向叶片的内部结构进行检测,分别对叶片的正面和侧面进行扫描并成像,通过调整辐射强度和成像参数可以对叶片内部的不同结构进行观察,图 5-6(c)所示为高强度辐射下叶片正面根部和叶冠部位的内部结构成像,图中可见两个部位成像灰度均匀,未出现明显的浅色裂纹形状,因此可以判断叶根和叶冠部位内部未产生裂纹;另外,图中还可观察到叶盆部位的大量冷却气孔成像,如果冷却气孔发生堵塞,会呈现不同程度的暗色,图中观察到明显的暗色气孔成像。图 5-6(d)展示了叶片侧面的 CT 成像结果,从图中可以清晰地看到叶片内部的空腔结构、强化板和边缘齿牙结构,可以进一步根据图像对其内部结构完整性进行判断。

国内开展的机械装备再制造检测评估关键技术的研究,突破了再制造毛坯损伤定量评价、再制造零件表界面性能测试、再制造产品服役健康监测等检测评估关键技术的瓶颈,如表 5-2 所列。研究成果被鉴定为:"总体技术达到国际先进水平,其中再制造毛坯隐性损伤的自发射磁信号评价技术、压电喷涂层服役监测技术处于国际领先水平",在装甲车辆、能源装备、船舶动力、航空航天等领域多家重点企业推广应用,该成果荣获 2018 年度教育部技术发明一等奖。

(a) 高温涡轮导向叶片

(b) 室内CT检测现场

(c) 叶片正面射线成像

(d) 叶片侧面射线成像

图 5-6　航空发动机高温涡轮导向叶片 CT 检测结果

表 5-2　机械装备再制造检测评估关键技术研究成果[28]

序号	技术成果	简介
1	形成了再制造毛坯隐性损伤与剩余寿命评估技术	建立了基于自发射磁信号的隐性损伤四级评判准则,实现了毛坯检测从定性筛选向定量判别的技术提升;建立了感应淬火再制造曲轴小波熵剩余寿命评估模型,突破了原型新品曲轴安全寿命的裂纹零容忍度设计思想,将感应淬火再制造曲轴毛坯的裂纹损伤容限提高到 2mm,为再制造毛坯寿命评估提供了技术依据
2	建立了再制造零件表界面性能测试表征成套技术体系	发明了再制造熔覆层热影响区三维温度场测量技术,创建了 1000MPa 量级的结合界面拉伸强度测试新方法,填补了再制造高强合金界面结合强度测试技术的空白;研发了再制造零件多工况耦合抗冲蚀、抗接触疲劳等表面性能测试设备
3	创建了再制造产品服役安全监测新方法	创立了基于表面喷涂压电涂层的再制造活塞气缸产品组件服役状态监测新方法。发明了以高热熔 H_2 助燃、纳米 ZnO 受主掺杂的压电涂层致密化新技术,保证压电涂层具有良好压电性,建立了以活塞气缸摩擦剪切力为中介参量的灰色神经网络磨损量预测模型,实现了再制造活塞气缸套组件运行磨损状态的实时监测

5.5 再制造损伤检测与寿命评估技术发展路线图

再制造损伤检测与寿命评估技术发展路线图如图5-7所示。

需求与环境	未来再制造对象种类的多样性、结构的复杂性、几何尺寸的极端化及服役条件的严苛化,对产业化生产模式下的再制造损伤检测与寿命评估技术及设备提出了迫切需求	
典型产品或装备	汽车及工程机械、矿山机械、高端机床、国防装备等关键零部件再制造损伤检测及寿命评估技术设备	重大战略需求装备的关键零部件再制造损伤检测与寿命评估技术设备
再制造毛坯损伤检测与寿命评估技术	目标:建立不同损伤类型零部件剩余寿命预测模型 毛坯损伤程度的多参量、多信息融合数据库 毛坯损伤信息特征提取方法与技术	目标:剩余寿命评估技术及设备产业化应用 再制造毛坯剩余寿命评估设备 典型毛坯剩余寿命评估规范及标准
再制造涂覆层损伤检测与寿命评估技术	目标:建立再制造涂覆层质量控制与专家系统 再制造涂覆层流水线质量自动监控技术 再制造涂覆层专家智能诊断理论	目标:智能化再制造涂覆层质量控制技术及设备产业化应用 高效、智能化的再制造涂覆层接触疲劳寿命评估设备
再制造产品结构健康监测技术	目标:再制造产品服役安全评价模型 再制造产品智能传感结构制备技术 再制造产品远程监测技术	目标:再制造产品结构健康监测技术及设备产业化应用 智能化再制造产品 再制造产品远程监测系统与设备
	2015年　　　　　　2020年　　　　　　2030年	

图5-7 再制造损伤检测与寿命评估技术路线图[29]

参考文献

[1] 徐滨士,王海斗,刘明,等. 装备再制造工程的理论与技术[M]. 北京:国防

工业出版社,2017.

[2] 张元良,张洪潮,赵嘉旭,等. 高端机械装备再制造无损检测综述[J]. 机械工程学报,2013,49(7):80-87.

[3] 装备再制造技术国防科技重点实验室,机械产品再制造国家工程中心,等. 再制造机械零件剩余寿命评估指南:GB/T 34631—2017[S]. 北京:中国标准出版社,2017.

[4] 周新远,董丽虹,于鹤龙,等.《再制造 机械零件剩余寿命评估指南》国家标准解读:GB/T 34631—2017[J]. 标准科学,2019(2):114-119.

[5] 钟群鹏,张铮,骆云红. 材料失效诊断、预测和预防[M]. 长沙:中南大学出版社,2008.

[6] 董丽虹,郭伟,陈茜. 再制造零件无损评价技术及应用[M]. 哈尔滨:哈尔滨工业大学出版社,2019.

[7] 李家伟,陈积懋. 无损检测手册[M]. 北京:机械工业出版社,2002.

[8] WANG B,ZHONG S C,LEE T L,et al. Non-destructive testing and evaluation of composite materials/structures:a-state-of-the-art review[J]. Advances in Mechanical Engineering,2020,12(4):1-28.

[9] Anton du Plessis,Igor Yadroitsev,Ina Yadroitsava,et al. X-ray microcomputed tomography in additive manufacturing:a review of the current technology and applications[J]. 3D Printing and Additive Manufacturing,2018,5(3):227-247.

[10] 徐春广,李卫彬. 无损检测超声波理论[M]. 北京:科学出版社,2020.

[11] 杨晓霞. 超声相控阵汽车发动机内腔腐蚀检测关键技术研究[D]. 天津:天津大学,2014.

[12] 刘天佐,张传清,王纪刚,等. 相控阵技术在联箱接管座管孔内壁裂纹检测中的应用[J]. 科学中国人,2016(6Z):3-4.

[13] ABDALLA A N,FARAJ M A,SAMSURI F,et al. Challenges in improving the performance of eddy current testing:review[J]. Measurement & Control,2019,52(1-2):46-64.

[14] 温东东. 脉冲涡流检测提离交叉点的获取及调节方法研究[D]. 北京:中国矿业大学,2019.

[15] 朱佩佩. 可视化涡流检测中的数据处理方法研究[D]. 成都:电子科技大学,2019.

[16] DOUBOV AA. A study of metal properties using the method of magnetic memory

[J]. Metal Science and Heat Treatment,1997,39(9-10):401-402.

[17] DOUBOV AA. Screening of weld quality using the magnetic metal memory effect[J]. Welding in the world,1998,41:196-198.

[18] VLASOV V T,DUBOV A A. Physical bases of the metal magnetic memory method[M]. Moscow:Tisso Co. ,2004.

[19] DOUBOV AA. Development of a metal magnetic memory method[J]. Chemical and Petroleum Engineering,2012,47(11-12):837-839.

[20] 徐滨士,董丽虹,董世运,等. 加载条件下铁磁材料疲劳裂纹扩展自发射磁信号行为研究[J]. 金属学报,2011,47(3):257.

[21] DONG L H,XU B S,DONG S Y,et al. Variation of stress-induced magnetic signals during tensile testing of ferromagnetic steels[J]. NDT&E International,2008,41:184-189.

[22] 胡诗诚,朱云阳. 非线性超声检测方法的研究进展[J]. 装备制造技术,2020(7):181-184.

[23] 王海斗,邢志国,董丽虹,等. 再制造零件与产品的疲劳寿命评估技术[M]. 哈尔滨:哈尔滨工业大学出版社,2019.

[24] 窦伟元,张乐乐,周挺,等. 基于仿真分析和疲劳试验的服役铸铝横梁剩余寿命评估[J]. 中国铁道科学,2019,40(4):103-111.

[25] DONG L H,XU B S,XUE N,et al. Development of remaining life prediction of crankshaft remanufacturing core[J]. Advances in Manufacturing,2013,1(1):91-96.

[26] 薛楠. 曲轴再制造毛坯剩余寿命无损评估技术基础研究[D]. 北京:北京理工大学,2015.

[27] 朴钟宇. 面向再制造的等离子喷涂层接触疲劳行为及寿命评估研究[D]. 秦皇岛:燕山大学,2010.

[28] 王海斗. 机械装备再制造检测评估关键技术[EB/OL]. 北京:CNKI 中国知网,2018. https://kgo.ckcest. cn/kgo/detail/1006/dw_achievement/8W5H DVZ6i9DmipMtvyvyig%253D%253D. html.

[29] 中国机械工程学会再制造工程分会. 再制造技术路线图[M]. 北京:中国科学技术出版社,2016.

第 6 章
再制造成形与强化技术及其应用

机械零件的失效方式主要有腐蚀、磨损、断裂 3 种,占比在 80% 以上。评估鉴定的废旧机械零件多表现为尺寸结构缺失和性能下降。再制造成形与强化技术是实现废旧零部件再修复与再利用的重要手段,毛坯件损伤部位依靠先进的表面处理技术,如热喷涂技术、堆焊与熔覆技术、表面形变强化技术、磁场强化技术等,通过沉积成形特定材料来恢复其几何尺寸,或通过特定形式的强化处理,实现老旧零部件的再制造,使其获得更高的耐磨、抗腐蚀和耐热等表面性能,从而恢复其使用性能,延长服役寿命。

6.1 再制造热喷涂技术

热喷涂技术是指利用某种热源将喷涂材料迅速加热到熔化或半熔化状态,同时经过高速气流或焰流使其雾化加速喷射在经预处理的零件表面上,形成喷涂层的一种(金属)表面加工技术[1],其喷涂原理如图 6-1 所示。形成的喷涂层具备耐磨损、耐腐蚀、耐冲蚀、抗高温氧化、隔热、封严、绝缘、导电等多种功能。

依据喷涂热源不同,热喷涂技术一般分为等离子喷涂、电弧喷涂、火焰喷涂和特种喷涂[1]。近年来,发展了用于再制造的纳米热喷涂、等离子喷涂物理气相沉积、超声速等离子喷涂、高速电弧喷涂、超声速火焰喷涂、电热爆炸喷涂及冷喷涂等新兴热喷涂技术。与传统热喷涂技术相比,新兴热喷涂技术拓展了喷涂材料范围和热源温度范围,提高了喷涂粒子的飞行速度,提升了工艺稳定性和智能化水平,因此涂层孔隙率更低、氧化更少、结合强度更高、工艺可控性更好,涂层

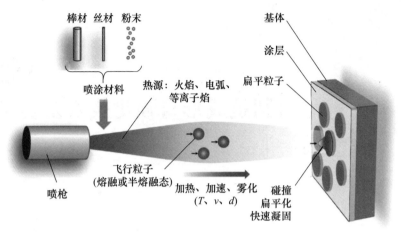

图 6-1 喷涂原理示意图

综合性能显著提升,已广泛应用于航空航天、机械制造、石油化工等领域。例如,芜湖天航装备技术有限公司将热喷涂技术应用到航空弹射装置燃气推进器的重要部件——活塞杆的增材再制造修复中[2]。

6.1.1 超声速等离子喷涂技术

超声速等离子喷涂利用专门设计的喷枪和与之相配套的电源控制系统,一次或多次供入较高压力、大流量的工作气体,一级或多级喷嘴拉长电弧,使电弧受到强烈的机械、自磁和热压缩,从而得到能量密度非常高的超声速等离子射流。利用这种超声速等离子射流加热、加速喷涂材料,获得高质量涂层的工艺过程称为超声速等离子喷涂。其原理如图 6-2 所示。

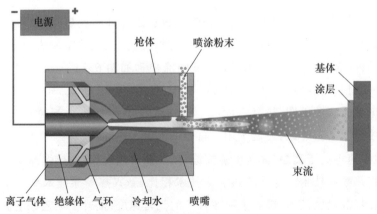

图 6-2 超声速等离子喷涂原理示意图

与其他热喷涂技术相比,超声速等离子喷涂技术具有惰性气氛热源温度高、热效率高、射流和喷射粒子速度高、射流能量密集度高、粒子在射流中滞留时间短、热源温度和粒子速度可调范围宽、喷涂材料广泛等特点。尤其是近年来国内外研发的纵向裂纹 TBCs 涂层、纳米 TiO_2 涂层、WC-Co 涂层、$NiCr-Cr_3C_2$ 涂层、Ti 涂层和 Fe 基非晶涂层等不同类型的高性能涂层,快速拓展了超声速等离子喷涂技术的应用范围,适合制备高性能、高质量、高可靠性的陶瓷涂层,以及高性能易氧化的纯金属、易失碳氧化的金属陶瓷涂层[3]。

超声速等离子喷涂技术可解决高端装备无法修复或使用寿命短的难题[4],利用其对重载装备的关键薄壁、内孔零件进行再制造,耐磨性最高可达同类新品零件的18.3倍,而成本只有新品的10%,材料消耗只有新品制造的1%。航空发动机再制造生产时选用超声速等离子喷涂设备系统作为再制造关键技术,修复过程中等离子喷涂的零件已经占到航空发动机所有喷涂零件的80%以上。

20世纪90年代中期,美国市场出现了通过提高功率来获得超声速的等离子喷涂设备 PlazJet,该设备功率达270kW,但是高功率带来了能量消耗大、喷嘴阴极寿命短、设备成本高的缺点,严重影响了超声速等离子喷涂技术的推广应用。自20世纪70年代开始,国内研究机构陆续开展了等离子喷涂装置的研发工作[5-7],研制的额定功率为200kW 的 HT-200 型超声速等离子喷涂设备填补了国内大功率超声速等离子喷涂设备的空白;研制的具有自主知识产权的低功率小气体流量的高效能超声速等离子喷涂系统,配置有逆变式等离子喷涂电源,电压达200V,功率可达80kW,价格和运行成本仅为美国 PlazJet 超声速等离子喷涂系统的1/3,填补了国内自主制造空白,使我国成为继美国之后第二个能够生产成套高能超声速等离子喷涂系统的国家。

2008—2022年国内申请批准的超声速等离子喷涂技术相关专利数量统计图和2006—2022年国内超声速等离子喷涂技术行业应用分布如图6-3、图6-4所示。近年来,专利数量增长快,超声速等离子喷涂技术自主研发水平的提升不仅促进了超声速等离子喷涂设备的国产化,而且大幅降低了设备制造及工艺生产的成本,加速了该项再制造技术在多个行业领域的推广应用。

6.1.2 超声速火焰喷涂技术

超声速(高速)火焰喷涂技术是指,利用气体或液体燃料在高压大流量的氧

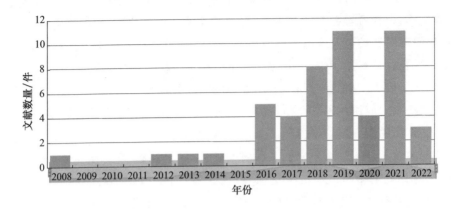

图6-3 2008—2022年国内申请批准的超声速等离子喷涂技术相关专利数量统计情况
(统计数据来自中国知网统计时间为2022年5月)

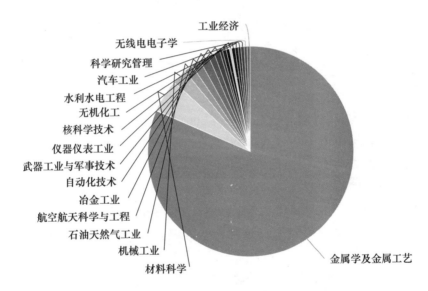

图6-4 2006—2022年国内超声速等离子喷涂技术
行业应用情况(统计数据来自中国知网)(见彩图)

气或空气助燃下形成高强度燃烧火焰,再通过特殊结构的喷管对这种高强度火焰进行压缩、加速,使其达到超声速焰流,并以此超声速焰流作热源,加热、加速喷涂材料形成涂层的工艺方法,其原理如图6-5所示。其中,以氧气为助燃气体的超声速火焰喷涂(high velocity oxygen fuel)技术简称HVOF,以空气为助燃气体的超声速火焰喷涂(high velocity air fuel)技术简称HVAF。

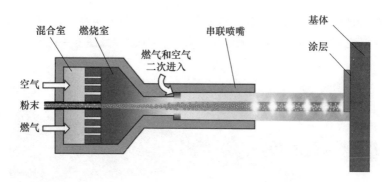

图 6-5 超声速火焰喷涂原理示意图

超声速火焰喷涂是在爆炸喷涂的基础上发展而来的一项新技术,是在 20 世纪 80 年代初期,由美国 Browning 公司最先研制成功的。1982 年,该技术以"Jet-Kote"为商品成为 HVOF 发展的第一代喷涂设备。HVOF 发展至今,已经历了四代。第一至三代 HVOF 系统主要是对喷枪进行了不断升级,第三代喷枪可以采用液体燃料(煤油)为燃烧剂,火焰功率可达 $100 \sim 200kW$,送粉速率可提高至 $6 \sim 8kg/h$(以喷涂 WC-Co 为例)。最新的第四代超声速火焰喷涂技术引入了计算机信息处理、人机接口、质量流量控制等先进技术,提高了设备的可靠性,确保了涂层质量的稳定性和可重复性。在硬件系统上,第四代超声速火焰喷涂的控制系统有较大的改进与提高,而喷枪、冷水机组、送粉器等与第三代基本相同。第四代超声速火焰喷涂的典型代表有 TAFA 公司开发的 JP-8000 和 Sulzar Metco 公司开发 EvoCoat^{TM}-LF 系统。

HVOF 系统具有非常高的速度和相对较低的温度,特别适合制备 WC-Co 等金属陶瓷涂层,涂层的耐磨性与爆炸喷涂相当,结合强度大于 70MPa。另外,HVOF 系统还可以用来制备低熔点的金属及合金涂层,如铁基、镍基自熔性合金涂层。试验表明,涂层的耐磨性可与喷熔层相媲美。

与 HVOF 不同,HVAF 以空气为助燃气体,大幅降低了运行成本,而且焰流温度比 HVOF 低。近年来,HVAF 在工业应用中得到了快速发展,其代表是美国 TSR(Unique)公司开发的 AC-HVAF 系统。由于 AC-HVAF 喷涂系统的高效率(烧结碳化物的喷涂效率可达 30kg/h)、不用氧气和几乎不消耗备件的特点,使得 AC-HVAF 喷涂碳化物的成本与其他表面硬化技术相比非常具有竞争性,包括铸造、电镀硬铬和堆焊。

6.1.3 高速电弧喷涂技术

高速电弧喷涂技术是利用两根连续送进的金属丝之间产生的电弧作热源来

熔化金属,采用拉瓦尔结构加速的高速气流把熔化的金属雾化,并对雾化的金属液滴加速使之喷向工件表面形成涂层的技术。其原理如图6-6所示。

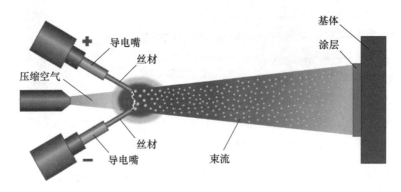

图6-6 高速电弧喷涂原理示意图

电弧喷涂一般使用实芯和粉芯两类丝材,高速电弧喷涂粒子飞行速度可达100~300m/s,目前高速电弧喷涂设备已实现自动化,设备主要由机器人或操作机,及其上夹持的喷枪组成,通过喷枪喷涂路径编程规划,喷涂工艺参数实时调节,可实现喷涂作业的智能控制。在解决再制造修复难题时,高速电弧喷涂技术具有经济性好、适用性强等特点,是一项易于推广的先进技术[8]。

我国较早利用高速电弧喷涂技术成果解决了大港电厂和长江三峡闸门的防腐蚀问题,提高了海军某潜艇、"远望"号航天测量船等舰船钢结构甲板防腐、防滑、耐磨等性能,而且针对锅炉管道内壁防腐涂层制备材料和工艺无法达到45CT防腐涂层性能指标问题,自主研发了SL30合金喷涂丝材和工艺,打破了美国电弧喷涂技术壁垒,将每平方米喷涂成本降低至美国同类技术成本的1/4[9]。2019年,中华人民共和国国家市场监督管理总局和中国国家标准化管理委员会颁布海洋用钢结构高速电弧喷涂耐蚀作业技术规范,进一步规范了防腐蚀用热喷锌铝及锌铝镁稀土涂层的分类、喷涂系统、操作工艺、技术要求及检验方法等作业标准[10],促进了高速电弧喷涂技术行业应用领域的标准化进程。

喷涂可选用的新材料种类多样、性能优异,设备自动化和智能化程度高。涂层增强机理与工艺优化研究是高速电弧喷涂技术的主要发展研究方向。

6.1.4 冷喷涂技术

冷喷涂的涂层形成原理与热喷涂技术基本相同,都需热源将喷涂材料加热、加速,喷射沉积在工件表面,经冷却堆垛形成涂层。所不同的是,冷喷涂的热源温度更低,通常低于800℃;粒子飞行速度更高,可达300~800m/s,故也称为冷空气动力学喷涂法,其原理如图6-7所示。该技术最早于20世纪80年代中期由苏联科学院提出,是近20年来发展起来的一种新型表面涂层技术,已经成为金属高性能增材制造与修复应用的重要技术之一。已先后开发了高压、低压、真空不同压力系统,内孔、脉冲、激光风洞、径向等专门系统,以及激光、静电场、磁场等工艺辅助系统的冷喷设备。其中,德国Impact Innovations、日本Plasma Giken以及美国VRC Metal Systems等公司已具备商业化生产高温高压冷喷涂设备的能力。2000年底国内成功自主研发了首套冷喷涂系统,2016年开发了拥有自主知识产权的高温高压冷喷涂系统,推动了冷喷涂设备的国产化进程[11]。

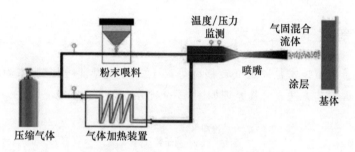

图6-7 高压冷喷涂原理示意图[11]

冷喷涂技术在再制造领域的应用优势突出,在欧美等发达国家已得到专业化运用,已开展冷喷涂再制造技术标准及规范建设,广泛应用于航空航天、机械制造和汽车等领域,多用于解决再制造过程中尺寸修复和腐蚀防护等问题,如阿帕奇直升机铝合金桅杆支座的修复(美国陆军研究实验室)、军用直升机镁合金主传动装置和尾桨变速箱体等易腐蚀结构损伤的修复(美国)(图6-8)、狂风战斗机修复(欧洲航天局)、"柯林斯"级潜艇维修(澳大利亚)等[12]。

图6-8 机器人辅助的冷喷涂技术再制造飞机零件[12]

国内冷喷涂技术研究工作开展时间较晚,但近年来发展迅速,开发了316L不锈钢、NiCr合金、Cu-Zn-Al_2O_3等多种涂层,可有效解决装备零部件磨损、腐蚀等损伤表面的尺寸恢复与状态修复,已应用到大型舰船螺旋桨、轴类部件,斯太尔发动机水道、飞机铝合金瓦片及铝合金框等装备零部件的维修领域[13-15]。

6.2 再制造堆焊与熔覆技术

6.2.1 等离子熔覆技术

等离子熔覆技术是以氩气转移型等离子弧为热源、以合金粉末为填充金属的一种堆焊工艺方法[16],其原理如图6-9所示。

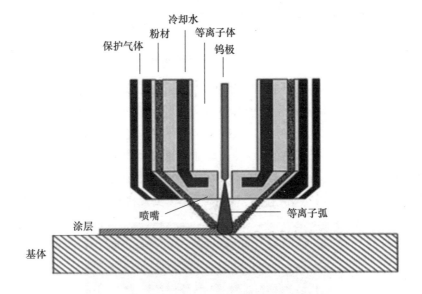

图6-9 等离子熔覆的原理示意图[17]

近年来,为了提高熔覆层质量,在等离子熔覆材料体系方面,国内外学者先后开发了铁基、镍基和钴基合金粉末熔覆材料,其中:铁基熔覆层耐磨性好,但脆性大,适用于解决铁路钢轨、石油钻探、矿山机械等抗磨损零件的强化和修复问题;镍基熔覆层耐磨性和耐蚀性好,抗氧化能力良好,适用范围较广,用于解决金属摩擦磨损、各种低应力磨料磨损的零件的强化和修复问题,以及铸铁和钢件缺陷的修补;钴基熔覆层耐高温性能优良,适用于解决高温高压阀门板和阀座、发动机排气阀密封面等耐高温磨蚀零件的强化和修复问题[17]。

等离子熔覆技术具有弧温高、能量集中、稳定性好、稀释率低、熔深可控性强、融合界面结合强度高、组织致密、粉末可选性广等特点,再制造零(部)件表面耐磨、耐高温、耐腐蚀、耐冲击等性能优异,适用于再制造结构形状较复杂、结合强度要求高的零件,广泛应用于电力、能源、冶金、机械等行业。

2019年,中国国家市场监督管理总局和中国国家标准化管理委员会联合发布了再制造等离子熔覆技术规范,明确规定了再制造等离子熔覆技术应用的生产工艺流程[18],等离子熔覆技术的行业应用逐步标准化、规范化。随着工业等离子设备可靠性的提高、自动化生产工艺的成熟,等离子熔覆技术在再制造领域的应用前景广阔。

以矿山工程机械设备的再制造应用为例,等离子熔覆技术可有效解决煤矿产业失效频率最高的零部件磨损失效难题[19-20],恢复其结构尺寸和使用性能,采煤机的截齿和刮板运输机的对槽帮、中部槽边角溜槽的摩擦面的磨损情况十分严重,经再制造修复后满足其使用工况性能要求,使零部件的重复利用率和采煤机的采煤效率显著提高;采用等离子熔覆技术修复的刮板输送机在矿井下过煤量达到100万吨时,耐磨熔覆层性能状态仍保持良好(图6-10)。

(a) 采煤行业刮板机磨损情况

(b) SGZ900/1050型刮板输送机再制造修复现场

图6-10 采煤行业刮板机等离子熔覆耐磨强化再制造案例[20]

在发动机关键零部件再制造方面,等离子熔覆技术有效延长了汽车发动机缸盖、排气门的使用寿命。经再制造修复后,发动机废旧排气门密封面的力学性能满足要求,表面硬度恢复到新品指标要求,表面变形量小,而且成本仅为新品的 1/5[21-22](图 6-11)。

图 6-11　自动化微束等离子熔覆设备及再制造的气门[22]

6.2.2　激光熔覆技术

激光熔覆技术是激光再制造技术方法之一,是利用激光束产生的高温作为热源,经历加热熔化与快速凝固,实现金属基材与其表面金属粉末间的冶金结合,最终在基材表面形成一层稀释度极低涂层[23]的技术。

激光熔覆装置为再制造修复工艺的顺利实施提供热源,是控制光束质量和熔覆效率的关键因素,高功率、高可靠性和高能量转换效率的激光器标志着激光系统的加工能力。2014 年,美国 IPG 公司发布了 100kW 光纤激光器,随之德国成功研发出千瓦及万瓦级半导体激光光源。目前,中国再制造产业化中大规模应用的激光器功率多集中在 4~10kW,而美国国防加工领域较早已应用 100kW 级直接半导体激光器[24]。

采用激光熔覆技术修复的再制造零件表面具有结合部位浸润性好、结合强度高、热影响区面积远小于氩弧焊热影响区等特点,再制造后的熔覆层具有良好的耐磨、耐蚀、耐热、抗氧化等性能,且该技术易于实现自动化控制,有利于实现快速修复,降低维修费用[23-34],可广泛用于再制造零件的成形加工(图 6-12),典型激光熔覆再制造零件的应用情况如表 6-1 所列。

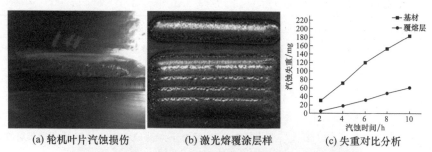

(a) 轮机叶片汽蚀损伤　　(b) 激光熔覆涂层样　　(c) 失重对比分析

(d) 某型舰船柴油机缸盖气门阀座再制造

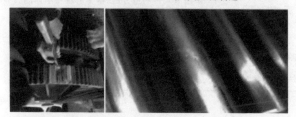

(e) 石油平台35CrMo钢大齿轮、42CrMo钢小齿轮齿面再制造

图 6-12　激光熔覆技术及再制造零件[23,28]

表 6-1　典型激光熔覆再制造零件的应用

序号	零件名称	应用
1[25]	齿轮泵轴的轴颈	德国进口 4CrAlNi7(德标渗氮钢)齿轮泵,再制造零件装回之后运行平稳
2[26]	螺杆压缩机	修复后的配件熔覆层与基体界面达到了冶金结合,熔覆层未发现微裂纹、气孔、夹杂等缺陷
3[27]	进口 SO_2 风机齿轮轴	转子腐蚀失效,大齿轮轴的轴颈及齿面整体不均匀分布深0.5～1mm点状腐蚀凹坑,需换件或维修。新件价格昂贵(约30万元)、购置周期长(约6个月)。采用激光熔覆现场再制造齿轮轴,实装运转一段时间后,其振动值及其他各项指标与损伤前基本相同。再制造修复成本低,周期短,经济效益较好

续表

序号	零件名称	应用
4[24]	钢厂轧辊	采用激光熔覆铁基合金粉末修复轧辊表面损伤
5[28]	水轮机叶片	在水轮机叶片0Cr13Ni4Mo不锈钢表面制备Co基抗汽蚀熔覆层与基材呈良好的冶金结合,其显微硬度是基材的1.5倍,相同工况10h汽蚀试验后,汽蚀失重仅为基材的1/3。该技术的应用可以大幅提高清水环境下水轮机叶片抗汽蚀能力,保障机组的安全运行
6[29]	煤矿液压支架	液压支架立柱与活塞杆外表面强化后,再制造质量达《MT 313—92 液压支架立柱技术条件》要求,保证期为2年,动作可超过1万次,熔覆5年内不出现脱落、气泡、点蚀和凹坑等问题
7[30]	热轧板带轧机牌坊螺栓孔	牌坊螺栓孔采用镶内外丝套再制造修复技术,牌坊衬板配合面采用激光再制造方法,修复后牌坊本体的腐蚀速度减小,解决了牌坊运行中螺栓的滑丝和断裂问题
8[23,31-34]	凸轮轴等发动机轴类、齿类零件	熔覆层成形厚度可控,尺寸精度较高

6.2.3　类激光高能脉冲精密冷补技术

类激光高能脉冲精密冷补技术是一种新型金属零件表面修补技术,采用断续的高能电脉冲在电极和工件之间形成瞬时电弧,使修补材料和工件迅速熔结在一起,达到冶金结合,其修补效果类似于激光焊。

类激光高能脉冲精密冷补技术具有脉冲能量集中、作用时间短、不易引起薄壁类零件形变、修复成形性好等特点,用于修复液压支柱、发动机曲轴、变速箱齿轮等精密、中载荷零部件,其修复效果可与电子束焊、激光焊相媲美[35-36]。例如,有铸造缺陷的曲轴零件,由于铸造设计失误造成曲轴的止推面尺寸不匹配,如图6-13所示,需要修复的结构形状为环状曲面结构,厚度约为1mm,内圈直径为100mm,宽度为10mm,而且实施再制造修复的操作空间有限。采用类激光高能脉冲精密冷补技术再制造后,其修复层的各项指标都达到了修复要求,并且与基体间界面形成冶金结合,表面硬度为300HV,零件无变形。

(a) 修复发动机缸体肩胛密封面损伤　　　　(b) 铸造曲轴

图 6-13　类激光高能脉冲精密冷补技术及再制造零件[35-36]

6.3　再制造表面形变强化技术

因服役环境苛刻，机械零件极易出现磨损、拉伤、疲劳等表面局部损伤，这些损伤零部件中很大一部分可以通过再制造继续使用，如果简单地将其报废并更换新件，会增加成本，资源浪费。对表面损伤的机械零件进行高效、优质的修复，并赋予其优异的表面性能，是再制造发展过程中的一项重要任务，也是亟待解决的关键问题，它既能保证设备使用的安全性，又能节约维修成本，适应国家可持续发展战略要求。堆焊再制造技术因具有工艺灵活方便、材料适用性广、成形性能好等突出特点，在再制造中应用广泛。例如，坦克平衡肘、曲臂、扭力轴、侧减速器被动轴、主动轮、诱导轮、负重轮等高速重载零件时，若出现损伤，可采用"堆焊+车削+磨削"的工艺方法进行再制造修复，来延长装备零件的服役寿命，节约维修经费。近年来，随着科技的进步，堆焊再制造技术的研究和应用得到了较快发展，但由于不能从根本上解决堆焊层组织结构和成分分布不均匀、残余应力较大等难题，影响了堆焊修复零件的使用寿命和堆焊技术的应用范围。根据表面工程理论[37-38]，服役环境中机械零件的失效大多始于工件表面，影响零部件使用寿命的腐蚀、磨损和疲劳等关键因素，均对材料的表面结构较敏感，如果通过再制造表面形变强化技术来调整和优化堆焊层的表面形貌、表层微观组织结构和应力状态，可提高堆焊修复损伤零件的整体性能和服役行为。

再制造表面形变强化技术利用机械能使材料表面产生不同方向的强烈塑性形变，在外加载荷的重复作用下材料表层组织逐渐碎化至纳米量级，卸载后形成残余压应力，因此也称为机械表面强化技术或表面机械强化技术。该方法既适用于材料的整体,也可用于局部的表面改性,其表面的纳米晶组织与基体组织之间不存在明显的界面,不会发生剥层和分离,能够显著提高金属材料的疲劳强度和使用寿命。常用再制造表面形变强化技术主要包括滚压、喷丸和冲击等。

6.3.1 滚压再制造表面形变强化技术

常规的表面滚压过程通过驱动一个或多个光滑的、高硬度的工具头(通常为圆柱或圆球)在零件表面往复滚动来使零件表面产生塑性形变,主要用于轴类零件的强化,其工作原理如图 6-14 所示[39]。滚压可以降低零件的表面粗糙度,主要用于零件表面的减摩,其原理与滚光基本上相同,因为滚压所能产生的残余应力较小,所以对抗疲劳性能的提高作用有限。滚压过程中,由于在滚压体和零件表面的接触处产生较大的摩擦力,会在零件次表面产生剪切应力并对零件表面造成划伤,这对零件的疲劳强度产生不利影响,为了减小其影响,通常采用具有极低表面粗糙度的滚压体并加强润滑[40-41]。

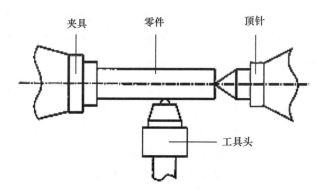

图 6-14 滚压强化示意图[39]

超声深滚表面滚压强化系统可消除滚压体和零件表面接触时造成的划伤,解决薄壁零件再制造强化难题。如图 6-15 所示,该系统由超声和冷深滚两个表面强化子单元组成,这两个子单元在结构上是互相依赖的,但在功能实现上,超声和冷深滚强化处理可以同时进行,也可以独立进行超声表面处理、冷深滚表面处理或滚光处理。在超声深滚表面强化设备中,超声深滚枪是整个设备的关键,与零件表面接触进行强化处理的是一枚球形弹子,通过特殊设计使超声振动和冷深滚压力同时施加在弹子上以进行表面强化处理[42-43]。独立调整超声振动和冷深滚力可实现不同的表面处理效果。通过压力传感器及数据采集分析系统可以对冷深滚静压力进行监测。同时,设计了专用的夹具和接口,使该强化装置既可以安装在普通或数控车床、铣床上使用,也可以安装在数控加工中心和机械手上使用,以适应于不同形状的零部件强化要求。

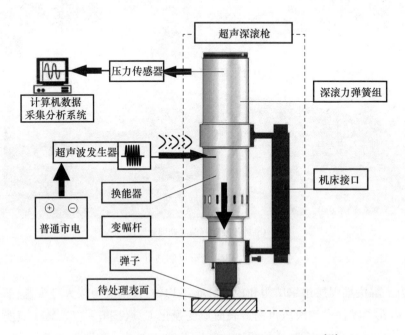

图6-15 超声深滚表面强化设备总体结构示意图[42]

航空发动机转子叶片是典型的薄壁结构零件,在服役过程中易于发生疲劳失效。转子叶片的工作状况对航空发动机的使用性能和可靠性起着决定性作用。它不仅承受涡轮转子高速旋转时叶片自身离心力、气动力、热应力和振动应力的作用,还要承受高温燃气的冲刷、氧化与腐蚀作用,是航空发动机中工作条件最为恶劣的零件。叶片的强化和修复,无论在军用飞机还是民用飞机上都是亟待解决的关键问题。叶片等薄壁零件进行再制造强化处理时易发生结构变形,实施冷深滚和低塑性滚光强化处理需要依赖较大的静压力,容易引发薄壁零件变形,而采用超声深滚技术对其进行疲劳强化处理,卸载之后没有明显的变形和回弹现象,在保持再制造零件外形稳定性方面避免了较大的静压力这个不利因素,在某型发动机的压气机叶片和涡轮叶片的再制造过程中,超声深滚技术对此类薄壁零件的处理能力得到了验证(图6-16)。

 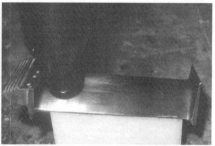

(a) 叶片超声深滚处理过程照片

 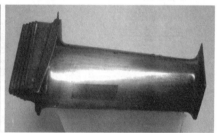

(b) 叶片经超声深滚处理后照片

图 6-16　超声深滚再制造叶片图

为了解决堆焊层组织结构和成分分布不均匀、残余应力较大等难题,研制了轴类、内孔类零件专用滚压再制造表面形变强化工具(图 6-17),该工具类似机床刀具,使用过程中无需外加设备,简化了维修工序,操作方法简单、易于掌握[44-45]。预压力滚压再制造后装备零件表面粗糙度明显降低,形成了残余压应力,修复层表面显微硬度比车削加工态提高了 25%(图 6-18)。预压力滚压再制造表面形变强化技术对高强钢堆焊修复层抗疲劳性能、耐磨损性能、硬度和微观组织结构有较大影响,与未经滚压强化处理的零件相比,修复的装备零件无明显的划伤、磨痕,使用寿命提高约 30%。实践表明,该技术工艺灵活、质量可靠,为装备重载零部件修复提供了新思路、新方法。

图 6-17　预压力滚压工具

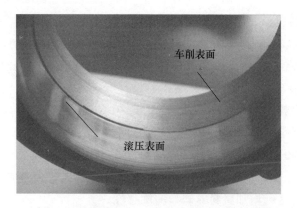

图 6-18 预压力滚压再制造表面形变强化效果

堆焊修复层经车削后内孔滚压强化处理,试样表面呈现镜面光泽,尖锐的犁沟基本消失,粗糙度明显降低,且在其表面形成了较高的残余压应力,这些都有利于提高修复零件抗疲劳寿命(图 6-19)。利用堆焊在损伤内孔零部件的表面制备修复层,并采用滚压强化技术对其进行强化,可实现损伤内孔零件控型与控性的有效结合,能解决堆焊再制造修复层表面组织性能不均的难题。

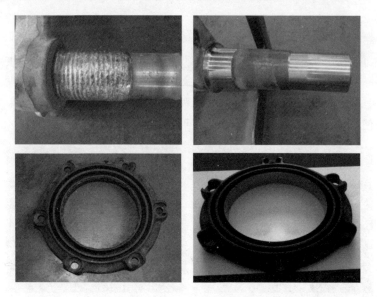

图 6-19 滚压再制造表面形变强化处理的装备零件对比图

6.3.2 高速喷丸再制造表面形变强化技术

喷丸处理是一种成熟的表面机械强化技术,是以高压空气(一般为 0.6~

0.8MPa)驱动高速弹丸(如钢珠或玻璃珠等)流随机撞击受喷零件表面的一种强化方法。由于成本相对低廉,且可明显改善材料和零件的耐磨性、接触疲劳性能和低温下的疲劳性能,因此在损伤零件再制造过程中得到了广泛应用[46-48]。喷丸的主要缺点在于:

(1)弹丸颗粒的直径较小,一般为0.1~0.8mm,经喷丸处理后产生的残余压应力层深度有限,一般在0.3~0.4mm之间;

(2)由于弹丸是随机击打在零件表面上的,喷丸过程需要通过多次的重复冲击来实现加工表面的均匀性,因此不可避免地会造成较大的加工硬化量,一般为30%~40%,这会增加材料对缺口的敏感性;

(3)喷丸处理会引起丸粒飞溅和污染,需对丸粒进行回收,通常需要专门的喷丸工作间;

(4)喷丸处理一般会使零件表面粗糙度增大,这会对疲劳寿命造成不利的影响。

目前,喷丸处理技术受到国内各领域的普遍重视,在喷丸强化机制和工艺方面投入了大量的研究精力,取得的成果已成功应用在装备零件维修与再制造领域。

高速喷丸技术是在喷丸强化基础上发展起来的一种新型纳米材料制备技术,它以气-固双相流为载体,通过高速气流(气流速度最高可达300~1200m/s)携带硬质固体颗粒以极高的动能轰击金属合金表面使其产生强烈的塑性形变,可将合金的表层晶粒细化到纳米量级。与传统喷丸方法相比,该方法具有效果好、效率高,设备使用灵活方便,固体颗粒可重复回收使用,无环境污染等优点(图6-20)。

图6-20 自动化高速喷丸设备

高速喷丸能对大面积金属和复杂形状构件进行有效的表面纳米化处理,目前该技术已成功在45钢、40Cr低合金钢、0Cr18Ni9和1Cr18Ni9不锈钢以及7A52高强度铝合金等材料表面实现了纳米化,通过可视化控制系统实现了工艺操作的简单化、自动化和精确化,进而提高了再制造零件纳米结构表层的质量,已成功用于某型坦克主动轴强化处理,未来有望广泛应用在维修与再制造领域(图6-21)。

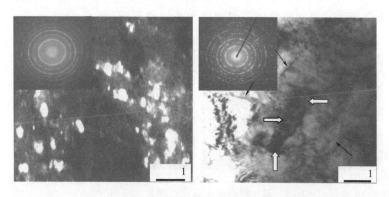

图6-21　高速喷丸38CrSi钢表层组织结构

6.3.3　超声冲击再制造表面形变强化技术

超声冲击处理技术是一种提高焊接接头疲劳强度的新方法,近几年主要应用于改善材料的抗疲劳、抗应力腐蚀、抗微动疲劳和耐磨损性能。超声冲击作用时,超声波发生器首先将50Hz的工频交流电转换成频率约为20kHz超声频的电振荡信号,传入压电陶瓷换能器,换能器将电能转换为相同频率的机械振动,该振动经过超声变幅杆放大后最终输出频率约为20kHz、振幅约为30μm的机械振动并作用在冲击针上,之后高频振动的冲击针锤击工件表面,使表面产生局部塑性形变,从而降低焊接残余拉应力、改善焊趾几何形状、减小焊接变形,实现焊接接头的抗疲劳性能提高[49]。该技术具有执行机构轻巧、可控性好、使用灵活方便、成本低、能耗少、应用时受限少等特点,适用于各种焊接接头的再制造强化处理,是一种改善焊接接头性能的理想措施。

超声冲击处理于20世纪70年代由苏联科学家Efim Statnikov博士发明,主要用于改善海军舰船焊接结构的疲劳性能。由于技术保密原因,直到20世纪90年代后期该技术才逐渐被国际焊接领域所认识[50]。自1990年起,法国焊接学会对超声冲击处理的高强钢焊接接头进行了试验研究,证明了它在提高焊接接头疲劳强度上的有效性[51]。美国联邦公路管理局于1995年启动了超声冲击处理技术在桥梁钢结构上的应用研究计划。超声冲击处理还是一项可用于桥梁制造和维修的经济可行的抗疲劳技术。2005年,超声冲击处理被应用于提高路面信号灯悬臂焊接接头结构的疲劳寿命。国内从 20 世纪 90 年代末开始开展超声冲击处理技术的相关研究,目前已受到普遍重视,先后在潜艇、桥梁和车辆等焊接结构中开展了实际应用研究。随着理论研究的深入,超声冲击处理技术已应用在飞机、舰船、钢桥及车辆等焊接生产和维修领域(图 6 – 22)。

图 6 – 22　超声冲击强化处理技术应用[51]

近几年发展的电子技术和功率超声技术推动了超声冲击处理技术、工艺等方面的快速发展,已有研究工作表明,超声冲击处理作为一种焊后处理工艺,在降低焊接残余应力、减小焊趾应力集中、提高焊接接头疲劳强度等方面效果十分显著(图 6 – 23)。

(a) 未处理　　　　　　　　　　(b) 超声冲击处理

图 6 – 23　超声冲击处理效果[51]

随着超声冲击处理系统的不断完善,该技术的应用范围不断扩大,加工质量也日益提高。目前,超声冲击处理技术已经由单纯的焊后处理,开始向改善金属材料表面和次表面性能以及提高工件综合性能的方向发展[52]。对于未经强化处理的工件,其材料表层与内部晶粒组织尺寸相差不大,多为粗晶粒结构;在超声波换能器的驱动下,变幅杆带动冲击头沿工件表面向工件施加一定幅度的机械振动,高频冲击会使金属表层产生严重塑性形变,引起材料内部晶格畸变和位错增殖、滑移,形成纳米级尺寸的晶体,其抗疲劳、耐腐蚀性能和耐磨损性能均有较大提升。国内外学者已实现在普通钢、高强钢、不锈钢、铝合金、钛合金等金属材料表面制备出纳米结构,并对其表面晶粒细化机制进行了深入研究。采用研制开发的表面纳米化专用超声冲击处理装置对低碳钢和钛合金试样进行强化处理,结果表明这种方法能够降低工件的表面粗糙度;同时,可以在不锈钢、低碳钢、钛合金工件的表面获得纳米结构粒子;通过改善材料表面塑性、细化晶粒、溶解析出物、降低应力腐蚀开裂敏感性而提高材料的抗应力腐蚀性能。

近年来,再制造表面形变强化技术因高效、实用、节能、环保等优势在相关领域得到了较快发展,采用该技术可使高强钢、铝合金、钛合金等材料及其焊接结构的抗疲劳性能得到大幅提高,为其进一步推广应用奠定了基础。

6.4 再制造磁场强化技术

再制造成形与强化技术是指对废旧零部件进行专业化修复或升级改造,使其质量特性达到或优于原有新品水平的制造技术,其主要包括再制造热喷涂技术、再制造堆焊与熔覆技术、再制造表面变形强化技术以及本节应用的再制造磁场强化技术。再制造磁场强化技术的发展为再制造产品的高性能服役提供了新思路,磁场强化技术主要应用于冶金领域,随后逐渐在金属熔炼、金属热处理、金属二次成形加工等材料制造和再制造过程中得到了应用,形成了再制造磁场强化技术[53-54]。目前,已成为材料制备领域备受瞩目的研究方向[55-56]。再制造磁场强化技术具有高能量、短时间、非接触等诸多优点,不仅可以极大地改善再制造产品的应力状态、磁畴分布及物相组成,还能使再制造产品在实际工况下具有更好的服役性能。

6.4.1 再制造磁场强化技术的基本原理

再制造磁场强化技术具有成形时间短、成形速度快的优点,其设备主要由充电器、储能电容器(C)、主放电开关(VT)、接续回路(R_2、VD_2)、放电回路(S_2、R_1)、充电器保护硅堆(VD_1)、箱体、内部连接电路等组成(图6-24),主要作用是为充电器给储能电容器充电。电容器储存能量后,主放电开关放电,将电容器的能量释放到磁铁上。当磁场达到峰值时,电流通过接续回路,磁场下降。电容器将所储能量释放到磁铁负载,在瞬间形成高强脉冲磁场。整个系统结构简单、操作安全、可靠。通过电容器电源对驱动线圈放电,在驱动线圈内产生强大的脉冲电流[57]。同时在金属材料内部产生感应涡流,激励电流和感应电流之间的电磁力驱动材料发生电磁感应作用并产生塑性形变。

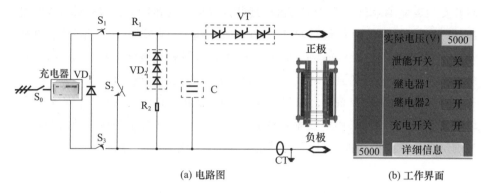

图 6-24 充电系统原理图及工作界面

再制造磁场设备的工作原理简单,但是强化过程中磁场的作用形式十分复杂,作用原理也众说纷纭,目前主流作用类型有洛伦兹力和电磁力作用、磁化力作用、磁化能作用、磁致伸缩作用。

(1) 洛伦兹力和电磁力作用。有研究认为,强化过程的主要作用是金属材料在磁场或外加电场下产生洛伦兹力和电磁力,尤其是对具有流动性的熔融态金属更容易产生洛伦兹力。洛伦兹力会控制(驱动或制动)熔体的流动。不同的磁场(旋转磁场、交变磁场及脉冲磁场)在熔融态金属凝固过程中在洛伦兹力下而产生电磁搅拌,细化凝固组织,减小宏观偏析,避免裂纹的产生和杂质的引入,提高凝固组织的力学性能。另外,脉冲强磁场的作用也会在固体金属内部产生洛伦兹力,宏观表现为固体金属材料内部产生感应涡流,激励电流和感应电流之间的电磁力驱动金属材料塑性变形形成零件。

(2) 磁化力作用。在强磁场环境下,金属材料在磁化力作用下被磁化,磁化方向与材料磁畴的变化有关,内部磁畴的差异导致金属材料受到的磁化力作用也不同。在强磁场作用下,材料内部的磁畴方向最终会趋于一致,材料内部的应力状态也随之改变,宏观表现为金属材料的残余应力分布更均匀[58]。材料微观晶体结构的磁化方向与磁场方向平行,晶体的取向也会受磁场影响,产生择优取向。磁化力引起的磁转矩与磁取向作用也常见于强磁场下的铁磁性金属成形过程,由于金属材料具有的磁各向异性,会使磁化力的主应力方向发生取向变化,即影响金属材料的晶体取向。例如,随着磁场强度的增加,Fe-Si 合金中 α-Fe 晶体取向逐渐靠近易磁化轴,这是由于 α-Fe 晶体的磁各向异性引起的磁转矩和磁取向变化。从中看出,强磁场引起的磁化力作用对金属晶体的取向具有显著影响。

(3)磁化能作用。磁化能是指金属材料在磁场中受到磁化所具有的自由能,当金属材料在强磁场中的磁自由能差别较大时,高自由能状态向低自由能状态驱动反应[59]。铁磁性金属材料在强磁场环境下磁化能变化很大,这是直接影响材料相变的驱动力。当金属材料在脉冲磁场中时,由于每个部位的磁通密度不同,因此被磁化后获得的磁化能也不同,进而引起物相变化。磁化能的大小取决于材料磁化率和磁感应强度大小,高强的脉冲磁场作用可以分离金属材料中磁性不同的组分,达到去除杂质的效果。而金属材料在磁场中感生的涡流,不仅影响材料晶体结构,还会对材料进行加热,使材料内部的温度场更加均匀,也进一步为物相改变提供了能量。

(4)磁致伸缩作用。磁场影响的磁致伸缩作用分为两部分:自发和感应磁致伸缩。磁场强化过程主要利用感应磁致伸缩作用,在外磁场的作用下材料内部结构会发生改变,这一特性经常被用于能量转化器、传感器中。在感应磁致伸缩中,体积磁致伸缩系数与线磁致伸缩系数相差较大,一般情况下只考虑线磁致伸缩过程(发生的变化为微米级别)。线磁致伸缩系数用 λ 表示,反映了材料的磁致伸缩性能,用公式表示为[60]

$$\lambda = \frac{\Delta l}{l} \tag{1}$$

式中:l 为铁磁体的长度;Δl 为铁磁体在 l 方向上的伸长量。研究发现,磁致伸缩作用是材料内部磁畴运动的外在表现,磁畴的取向会趋向于沿外磁场 $\boldsymbol{H}_{ex}$ 的方向,同时畴壁也会发生移动,如图 6-25 所示。此外,在宏观上磁致伸缩会导致材料体积和形状发生改变[61]。

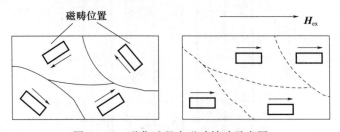

图 6-25 磁化过程中磁畴转动示意图

综上所述,在磁场对金属材料的作用机理中,洛伦兹力和电磁力作用占主导地位,对金属材料应力状态及物相组成具有明显的改善作用;磁化力和磁化能作用常用来解释强磁场的作用,它们分别对金属材料的磁畴变化和晶体取向起到关键作用;磁致伸缩作用有效地应用到金属加工中,可利用磁致伸缩原理驱动金属成形,从而改变传统的机械加工成形方式。

6.4.2 再制造磁场强化技术对性能的改善

再制造磁场强化技术对零部件性能的改善已经得到广泛证明,主要表现在对金属材料的残余应力分布,晶体结构取向以及各类服役性能方面。美国 Los Alamos 强磁场国家实验室、德国 Dresden 脉冲强磁场国家实验室、法国 Toulouse 脉冲强磁场实验中心以及国内多家研究机构在此方面进行了大量探索性的研究,给出了多种材料经过磁处理后残余应力、晶体结构及服役性能的变化规律。

(1)残余应力。再制造磁场强化技术对材料的残余应力有很好的改善效果,当磁场方向垂直于残余应力的最大主应力方向时,残余应力降低明显。美国 Innovex 公司研制的脉冲磁处理装置,实现了材料表面残余应力的松弛,处理后材料的使用寿命可提高 20% ~ 50%。磁处理过程中的磁致伸缩作用是解释材料中引发应力降低现象的关键。磁场控制材料内部产生磁致伸缩效应,使得局部晶体结构产生塑性变形,进而改善内部的应力分布状态。45 钢试件在磁处理后发生了晶界移动现象,沿磁场方向的晶界移动较为明显。如图 6-26 所示,在晶界移动明显的方向,残余应力的下降较为明显[62]。目前认为晶粒尺度上磁致伸缩的不均匀性使得原始晶界发生移动,位错迁移后重新排布,减少了晶格畸变,释放第二类残余应力,即微观应力,导致宏观上残余应力的下降。

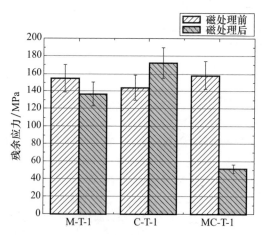

图 6-26 磁处理、电处理、磁电复合处理前、后残余应力变化图

(2)磁畴分布。磁场强化技术能明显改善材料内部的组织结构,主要表现在对材料的磁畴分布、晶体取向及位错堆积的改善上[63]。图 6-27 为 Ni 基材料在磁场强化前、后的磁畴分布结果,可以看出经过磁场强化后,材料内部的磁畴结构呈现出更规律的正弦化趋势,并形成了明显的条状磁畴。条状磁畴的出

现主要是由于磁场对晶体内磁矩产生影响,使得磁矩方向趋于一致并堆积在一起,这种结构的宏观表现为内应力分布集中,有利于提升材料的服役性能。磁场处理改善磁畴结构后,能明显改变晶体取向,使得材料的晶体出现更多的择优取向。通过磁场参数控制晶体取向进而得到良好的服役性能是研究的重点方向之一。

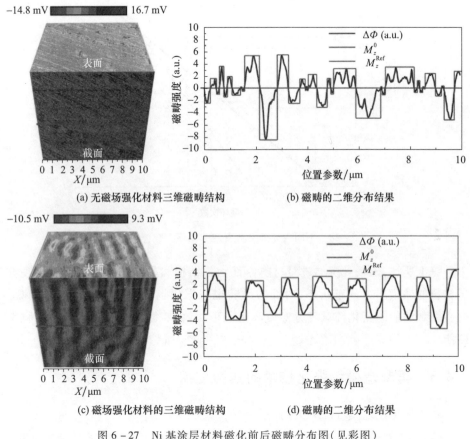

图 6-27　Ni 基涂层材料磁化前后磁畴分布图(见彩图)

(3)疲劳寿命。磁场强化处理对材料的服役性能也有明显的改善效果,表现为直接提升材料的抗磨损、抗疲劳及抗脆断性等性能。材料在服役过程中,残余应力与工作载荷叠加,使其发生二次变形和应力重分布,降低了材料的刚度,容易产生裂纹,进而引起失效。磁场处理后,改善了材料内部的应力状态,提升了材料的服役性能,基于此原理开发的磁处理技术已经广泛应用于提升材料力学和摩擦学性能的研究上。另外,还有研究表明磁场处理能增加金属材料的蠕变和拉伸变形能力,由此提升了材料承受服役载荷的能力,经磁场处理后的试样耐磨性是未处理试样的 1.5~2 倍。不施加磁场的情况下进行疲劳试验,当达到一定的周期后施加磁场处理,疲劳寿命会明显增加,如果早期疲劳损伤没有超过一个临界值,磁场就能有效地修复疲劳损伤。同时,材料的疲劳寿命还会随着磁场强度的增加而增加,其结果如图 6-28 所示[64],疲劳寿命的提升可以用磁场驱动材料内部的位错运动、改善内应力分布以及促进晶体产生择优取向来解释。

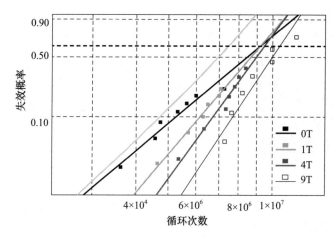

图 6-28　不同磁处理参数下疲劳循环次数(见彩图)

综上所述,磁场处理通过对材料内部物相结构和晶体取向的影响明显改善了材料的残余应力分布状态,内部的磁畴也根据磁场方向出现有规律的聚集。这些微观性能的变化都对疲劳寿命产生了正面效果,提升了再制造零件的服役性能。

6.4.3　再制造磁场强化技术的典型应用

磁场强化技术具备以下工艺特点:

(1) 工艺可靠,效率极高。通过磁场设计,可直接一次实现整个齿根强化,作用时间在毫秒(ms)量级,处理效率非常高。

(2) 耗能很低。工艺基本在室温下进行,不需要高温加热与保护环境,几乎无材料损耗;且磁场环境的建立所需能量很少。

(3) 无接触强化。由于没有与零部件直接接触的过程,零部件几乎不会发生尺寸、精度变化,可保持原有精确构型。

(4) 强化均匀,应力可控。通过脉冲磁场特征(如频率、强度、次数、方向等)调节,可实现对强化层厚度的控制,且微观应力改善明显。

以上工艺优势使得磁场强化技术应用于各类零部件的"制造—强化—再制造过程",目前最成功的应用是在重载齿轮[65]和高精密零部件的微细切削刀具上[66]。

(1)重载齿轮。在成形制造和再制造过程中重载齿轮突出的问题是"强度低、寿命短、可靠性差",亟须一种强化技术在保证齿轮高精度的同时对其服役性能进行强化。而磁场强化技术由于自身无接触、高可靠性、强化效果均匀等优势对重载齿轮的制造和再制造过程有着良好的改善效果。与传统的齿轮渗碳处理和喷丸强化技术相比,磁场强化能在严格保证齿轮加工精度、表面质量及啮合程度,不给齿轮带来二次损伤的基础上,对齿轮齿面、齿根这些关键部位进行强化。磁场强化后,齿轮的组织结构具有了连续性,应力分布也更有规律。另外在精确控制应力演化与最终状态的基础上,保证了重载齿轮的最小变形,并生成了优异的微观组织,这些都对重载齿轮的重要评价指标——弯曲疲劳强度的改善有着重要作用[67]。通过对磁处理强化前后的齿轮弯曲疲劳寿命进行测试与计算,可以发现重载齿轮在经过磁场强化后,在相同疲劳载荷下,其疲劳寿命测试点明显右移,这表明疲劳寿命显著提升。绘制疲劳强度与疲劳寿命($S-N$)曲线(图6-29)对齿轮弯曲疲劳极限进行评估:未经过磁场强化的齿轮的弯曲疲劳极限为637.94MPa,磁处理后齿轮的弯曲疲劳极限为672.3MPa,进一步说明脉冲磁场技术在重载齿轮上作用效果明显。

(a) 齿轮照片

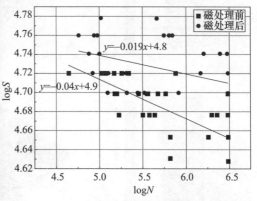
(b) 疲劳强度与疲劳寿命 (S-N)曲线

图6-29 实验用齿轮照片及疲劳寿命 $S-N$ 曲线(见彩图)

(2)切削刀具。高精密零部件的微细切削刀具"长寿命制造"是磁场强化技术的另一典型应用。刀具磁场强化是利用脉冲磁场对高速钢、硬质合金等刀具进行磁化处理的技术,它改变了力学性能和切削机理,增加了刀具的耐磨性并延长了刀具的使用寿命。磁场强化刀具具有 3 大技术优势:首先是磁场处理属于无接触强化,不改变刀具结构,对刀具尺度无要求,这就解决了由于尺度微小而导致的操作困难等问题。其次,铁磁性材料在脉冲磁场中会表现出趋肤效应和尖端聚集效应,因此对大尺寸刀具只是表面强化,而对微细刀具则能实现整体强化,强化作用更加明显。因此,微细刀具脉冲磁场强化技术有比宏观刀具更突出的优势。最后与涂层等其他强化处理技术相比,脉冲磁场强化处理技术具有不改变刀具刃口半径、操作简单、投资少、见效快、无污染等优点,应用前景十分广阔。图 6-30 所示为磁场强化与未处理刀具在相同加工条件下,切削不锈钢时的典型加工形貌[68]。经磁场强化后的刀具,切削不锈钢工件的三维表面轮廓要优于未处理刀具。经磁场强化的刀具加工后所获得的表面粗糙度要比未磁化刀具表面粗糙度小,且经磁场强化的刀具磨损程度也大为改善。高精密零部件的微细切削刀具经再制造磁场强化后,切削性能及微细切削的加工质量获得了明显改善。

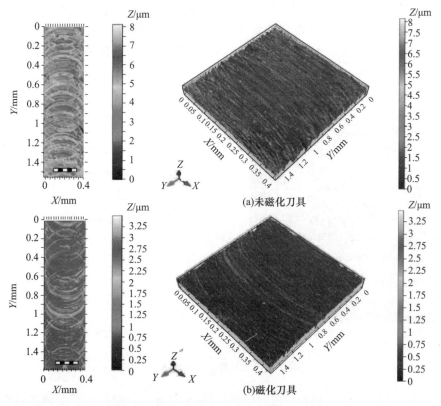

图 6-30 切削不锈钢后刀具(切削长度 70mm)的三维形貌结果(见彩图)

综上所述,再制造磁场强化技术利用其优势对再制造产品进行有针对性的强化,以其高能量、短时间、非接触等优点改善了再制造产品的残余应力、磁畴分布及其服役寿命,可有效应用于刀具和齿轮零件的强化。再制造磁场强化技术作为再制造领域发展的重要技术支撑之一,其重要作用和关键技术在未来仍是重点发展方向。

6.5 再制造成形与强化的典型应用

1. 石化装置急冷塔再制造

类激光冷补技术成功用于现场再制造石油石化装备,解决了大型装备难拆装、难运输的维修难题,现场再制造后急冷塔的各项性能指标达到或局部超过新品,节约成本 500 万元,减少停工时间 30 天,减排标煤 136 吨,显著提高了设备的安全性、可靠性,设备的使用寿命延长 10~30 年,现场再制造如图 6-31 所示[69]。

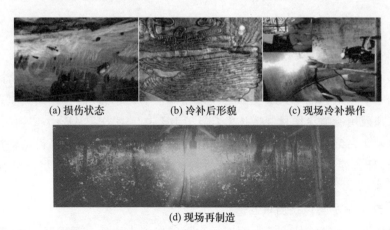

(a) 损伤状态　　(b) 冷补后形貌　　(c) 现场冷补操作

(d) 现场再制造

图 6-31　石化装置急冷塔再制造案例[69](见彩图)

2. 炼油厂烟气轮机叶片再制造

炼油厂烟气轮机叶片的工况条件恶劣,承受腐蚀气体和多种硬质颗粒的冲蚀,损伤严重,采用"激光熔覆 + 等离子喷涂"复合技术对其进行再制造。首先通过激光熔覆技术恢复叶片的几何尺寸和力学性能,在此基础上,利用等离子喷涂技术提高叶片的表面性能,经"激光熔覆 + 等离子喷涂"复合技术再制造的叶片使用寿命超过原型新品。烟气轮机叶片的再制造状态如图 6-32 所示。

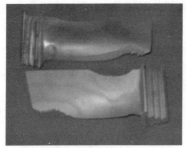

(a) 典型损伤状态　　　　　　　(b) 激光熔覆修复过程

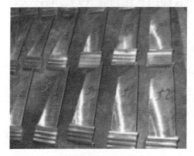

(c) 熔覆层加工后状态　　　　　　(d) 等离子喷涂修复后状态

图 6-32　烟气轮机叶片再制造案例[70]

3. 战斗机零件再制造

2011 年美国陆军研发了新型具有手持功能的便携式高温高压冷喷涂系统,为美国军事基地和战斗人员提供了高质量维修。目前,美国科珀斯克里斯蒂市陆军基地使用冷喷涂增材制造技术修复了 UH-60"黑鹰"、AH-64"阿帕奇"及西科斯基 H-53 等军用飞机,对铝铸件及检修面板、钢质液压泵齿轮轴进行了再制造,延长了美国空军 F-18 战斗机和 B1-B 轰炸机等飞机的使用寿命(图 6-33)。

4. 泥浆泵缸套内表面再制造

内孔等离子喷涂技术是表面工程和再制造工程中的一项重要技术,可用于缸、孔、环、管等内孔类零部件内壁新品强化或旧品修复,大幅提高零件服役性能,延长使用寿命。旋转式高能内孔等离子喷涂系统可实现小尺寸、大长径比非回转体内孔零部件内壁面喷涂,显著提高喷涂效率和涂层质量。可喷涂工件的最小内径达 $\phi 50\text{mm}$,最大功率达 55kW,可高质量制备高熔点陶瓷涂层。

泥浆泵是油田开采钻井系统的"心脏",而泥浆泵缸套是泥浆泵液力端的重要易损部件,其寿命直接影响泥浆泵的寿命和钻采效率。采用旋转式高能内孔等离子喷涂技术在泥浆泵缸套内表面制备高硬度($1300\text{HV}_{0.3}$)金属陶瓷复合涂

第6章 再制造成形与强化技术及其应用

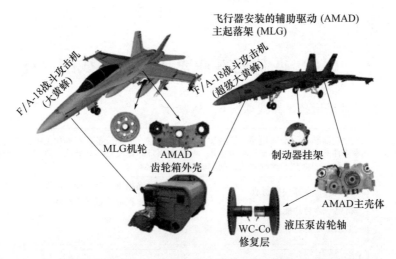

图 6-33 冷喷涂技术应用于美国 F/A-18b 飞机部件再制造[11]

层,其使用寿命达到传统双金属缸套的两倍,但二者成本几乎接近。其工艺流程为:预加工缸套/废旧损伤缸套—表面除油清洗—内表面喷砂粗化—预热—内孔喷涂—磨削加工。旋转式高能内孔等离子喷涂再制造泥浆泵缸套应用案例如图 6-34 所示。

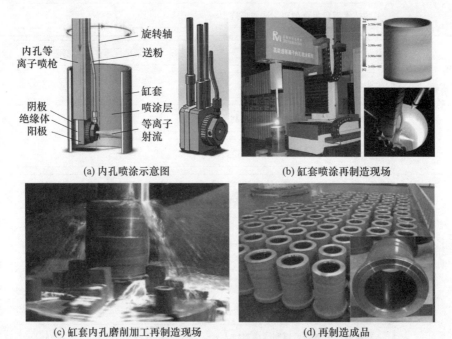

图 6-34 旋转式高能内孔等离子喷涂再制造泥浆泵缸套应用案例[71]

6.6 再制造零件成形技术路线图

再制造零件成形技术路线如图 6-35 所示。

需求与环境	未来武器装备、交通运输、机械加工、工程机械、冶金设备、石油化工等领域的机械零部件一方面日趋大型化和贵重化,另一方面日趋集成化和智能化,急需发展智能化、复合化、专业化和柔性化的再制造成形与加工技术	
典型产品或装备	·机械装备零部件再制造 ·机电一体化功能器件再制造 ·微纳米功能部件再制造	·表面高精度、高性能零部件 ·三维体积损伤机械零部件 ·大型复杂装备
再制造成形材料技术	目标:高精度、高性能表面的再制造 高能束再制造成形技术 不同能场再制造成形技术 一维、二维再制造成形技术	目标:三维立体部件现场再制造 三维立体再制造成形技术 多种能束能场复合再制造成形技术
	多种技术手段复合的再制造成形技术	
纳米复合再制造成形技术	目标:高性能表面的再制造 纳米复合再制造成形技术 基于纳米材料和技术的功能化再制造成形技术	目标:微纳米尺度零件的再制造
	微纳米零部件及功能零部件再制造技术	
能束能场再制造成形技术	目标:高精度、高性能表面的再制造 高能束再制造成形技术 不同能场再制造成形技术 一维、二维再制造成形技术	目标:三维立体部件现场再制造 三维立体再制造成形技术 多种能束能场复合再制造成形技术
	多种技术手段复合的再制造成形技术	

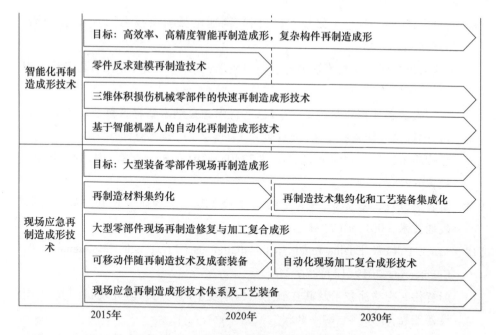

图6-35 再制造零件成形技术路线图[72]

参考文献

[1] 徐滨士,等. 装备再制造技术基础[M]. 北京:国防工业出版社,2017.

[2] 贾义政,卞超群. 增材再制造技术在某型航空弹装置修理中的应用[J]. 科技视界,2020(17):125-127.

[3] 宋长虹,张亚然,李世明,等. 等离子喷涂技术制备陶瓷涂层新进展[J]. 热喷涂技术,2017,9(4):1-6.

[4] 徐滨士,王海军,朱胜,等. 高效能超声速等离子喷涂技术的研究与开发应用[J]. 制造技术与机床,2003(2):30-33.

[5] 刘明,王海军,张伟,等. 高效能超声速等离子喷涂射流与涂层特点[J]. 热喷涂技术,2018,10(4):45-55.

[6] 姬梅梅,朱时珍,马壮. 航空航天用金属表面热防护涂层的研究进展[J]. 表面技术,2021,50(1):253-266.

[7] 舒琴,何建洪,韩建兴,等. 热喷涂航空发动机用耐磨涂层的制备方法及性能研究[J]. 中国金属通报,2020(9):91-92.

[8] 马世宁,李新. 应急维修技术(续四):高速电弧喷涂技术[J]. 中国修船, 2003(5):43-45.

[9] 高速射流电弧喷涂技术研究开发与应用示范[Z]. 北京:解放军装甲兵工程学院,2001-01-01.

[10] 中国人民解放军陆军装甲兵学院,七台河鑫科纳米新材料科技发展有限公司,中蚀国际防腐技术研究院(北京)有限公司,等. 海洋用钢结构高速电弧喷涂耐蚀作业技术规范:GB/T 37309—2019[S]. 北京:中国标准出版社,2019.

[11] 黄春杰,殷硕,李文亚,等. 冷喷涂技术及其系统的研究现状与展望[J]. 表面技术,2021,50(7):1-23.

[12] ALEX D,LI X. Engine repair in the digital age[J]. Aviation Maintenance & Engineering,2019(12):22-24.

[13] 彭智伟. 冷喷涂技术及其在航空结构修复中的应用与研究现状[J]. 中国设备工程,2022(4):84-86.

[14] 孙晓峰,陈正涵,李占明,等. 用于大型船舶螺旋桨再制造的冷喷涂Cu4O2F涂层[J]. 中国表面工程,2017,30(3):159-166.

[15] 郭学平. 基于船机轴类部件磨损修复与再制造的冷喷涂层制备与性能研究[Z]. 厦门:集美大学,2015-11-25.

[16] 董世运,等. 等离子弧熔覆再制造技术及应用[M]. 哈尔滨:哈尔滨工业大学出版社,2019:6.

[17] 时运,杜晓东,庄鹏程,等. 等离子熔覆技术的研究现状及展望[J]. 表面技术,2019,48(12):23-33.

[18] 装备再制造技术国防科技重点实验室,河北京津冀再制造产业技术研究有限公司,北京睿曼科技有限公司,等. 再制造等离子熔覆技术规范:GB/T 37672—2019[S]. 北京:中国标准出版社,2019.

[19] 张岩. 矿用截齿等离子堆焊层耐磨性能研究[D]. 太原:中北大学,2017.

[20] 秦文光. 刮板输送机等离子熔覆再制造强化技术的应用[J]. 中州煤炭,2016(10):82-84.

[21] 张洁. 等离子熔覆再制造发动机缸盖的组织及性能研究[D]. 西安:西安理工大学,2019.

[22] 向永华,徐滨士,吕耀辉,等. 发动机排气门等离子熔覆再制造[J]. 金属热处理,2010,35(7):66-69.

[23] 董世运,闫世兴. 激光再制造技术发展现状与前景展望[J]. 表面工程与再制造,2021,21(6):17-26.

[24] 杜学芸,许金宝,宋健. 激光熔覆再制造技术研究现状及发展趋势[J]. 表面工程与再制造,2020,20(6):18-22.

[25] 陈春锋,何多胜,刘明. 整体渗氮齿轮泵轴轴颈修复[J]. 石化技术,2018,25(12):251,207.

[26] 马平定,李玉军,詹金磊,等. 螺杆压缩机激光熔覆修复技术研究与应用[J]. 机械研究与应用,2013,26(5):139-141.

[27] 邹辉. 激光熔覆技术在进口SO_2风机齿轮轴修复中的应用[J]. 硫酸工业,2006(4):40-41.

[28] 杨聘,李德红,陈志雄,等. 水轮机叶片激光熔覆抗汽蚀涂层性能研究[J]. 中国农村水利水电,2022(4):229-232.

[29] 田萌. 激光熔覆技术在液压支架立柱再制造中的应用探讨[J]. 机械管理开发,2022,37(2):317-318,321.

[30] 周武军,邹新长,周振宇,等. 热轧板带轧机牌坊螺栓孔的修复再制造探讨[J]. 设备管理与维修,2022(4):35-37.

[31] 董世运,张晓东,徐滨士,等. 45钢凸轮轴磨损凸轮的激光熔覆再制造[J]. 装甲兵工程学院学报,2011(2):85-102.

[32] 王浩,王立文,王涛,等. 航空发动机损伤叶片再制造修复方法与实现[J]. 航空学报,2016,37(3):1036-1048.

[33] 郭士锐,董刚,叶钟,等. 激光再制造汽轮机转子的力学性能研究[J]. 动力工程学报,2014,34(8):668-672.

[34] 田凤杰,刘伟军,尚晓峰. 基于激光熔覆的绿色再制造技术研究[J]. 制造技术与机床,2009(2):110-114.

[35] 杨军伟,张庆,孟令东. 类激光高能脉冲精密冷补技术用于铸造缺陷的修复[J]. 铸造技术,2011,32(5):622-625.

[36] 孙晓峰,史佩京,邱骥,等. 再制造技术体系及典型技术[J]. 中国表面工程,2013,26(5):117-124.

[37] 徐滨士. 装备再制造工程的理论和技术[M]. 北京:国防工业出版社,2007.

[38] 徐滨士,夏丹,谭君洋,等. 中国智能再制造的现状与发展[J]. 中国表面工程,2018,31(5):1-13.

[39] Li X X,Wang X,Chen B Q,et al. Effect of ultrasonic surface rolling process on

the surface properties of CuCr alloy[J]. Vacuum,2023(209):111819.

[40] 王栋,鲁新羲,赵静雯,等. 滚压强化对 45 钢螺纹根部表面完整性的影响研究[J]. 机械强度,2022,44(5):1075-1081.

[41] Lan S L, Qi M, Zhu Y F, et al. Ultrasonic rolling strengthening effect on the bending fatigue behavior of 12Cr2Ni4A steel gears[J]. Engineering Facture Mechanics,2023(279):109024.

[42] 李礼,朱有利. Ti6Al4V 合金超声深滚层的组织结构特征[J]. 稀有金属材料与工程,2010,39(10):1754-1758.

[43] 李礼,朱有利,吕光义. 超声深滚降低 TC4 钛合金表面粗糙度和修复表面损伤的作用[J]. 稀有金属材料与工程,2009,38(2):339-342.

[44] 李占明,孙晓峰,宋巍. 装备内孔零件的堆焊修复与滚压强化工艺研究[J]. 装甲兵工程学院学报,2014,28(6):92-96.

[45] 巴德玛,孟凡军,孙晓峰,等. 堆焊层预压力滚压表面纳米化层的微观结构[J]. 材料热处理学报,2015,36(1):173-177.

[46] 李占明,王红美,孙晓峰,等. 高速微粒轰击对微弧氧化铝合金疲劳性能的影响[J]. 稀有金属材料与工程,2018,47(7):2179-2184.

[47] 巴德玛,马世宁. 高速微粒轰击 45 钢表面纳米化过程中铁素体相晶粒细化过程分析[J]. 装甲兵工程学院学报,2011,25(1):92-94,98.

[48] 李占明,朱有利,黄元林,等. 喷丸强化后 30CrMnSiNi2A 钢表面完整性对其抗疲劳性能的影响[J]. 中国表面工程,2012,25(5):85-89.

[49] 陈广冉. 装载机前车架焊接结构及接头疲劳评估与寿命预测[D]. 天津:天津大学,2020.

[50] Wang C S, Li R F, Bi X L, et al. Microstructure and wear resistance property of laser cladded CrCoNi coatings assisted by ultrasonic impact treatment[J]. Journal of Materials Research and Technology,2023(22):853-864.

[51] Yuan K L, Sumi Y. Simulation of residual stress and fatigue strength of welded joints under the effects of ultrasonic impact treatment(UIT)[J]. International Journal of Fatigue,2016(92):321-332.

[52] Li M Y, Yang J, Han B, et al. Comparative investigation on microstructures and properties of WC/Cr3C2 reinforced laser cladding Ni-based composite coatings subjected to ultrasonic impact treatment[J]. Materials Today Communications, 2023(34):105219.

[53] 程从前,杨鹏,朱凤,等. 强磁场在材料科学中的应用[J]. 中国材料科学与设备,2006,3:6-9.

[54] Amin A,Kamran A,Sirus J. Effects of applying an external magnetic field during the deep cryogenic heat treatment on the corrosion resistance and wear behavior of 1.2080 tool steel[J]. Materials and Design,2012,41(5):114-123.

[55] 朱弋. 脉冲强磁场处理AZ31镁合金的微观组织和力学性能研究[D]. 镇江:江苏大学,2017.

[56] Li C,Ren Z,Ren W. Effect of magnetic fields on solid-melt phase transformation in pure bismuth[J]. Materials Letters,2009,63(2):269-271.

[57] Wang Z,Huang Y,Wang H,et al. Development of pulsed magnetic field assisted supersonic plasma spraying[J]. Review of Scientific Instruments. 2022, 93(12):123901.

[58] Liu C,Zhong Y,Shen Z,et al. Effect of an axial high static magnetic field on the crystal orientation and magnetic property of Fe-4.5wt% Si alloy during bulk solidification[J]. Materials Letters,2019,247:189-192.

[59] Li L,Yuan T. Alignments and orientations of MnSn2 Phase during the solidification process of Sn-Mn alloy under a high magnetic Field[J]. Materials Transactions,2019,60(6):939-943.

[60] 王博文. 超磁致伸缩材料制备与器件设计[M]. 北京:冶金工业出版社,2003.

[61] 刘芳. 电流调制与应力状态对非晶丝磁畴结构及GMI效应的影响[D]. 哈尔滨:哈尔滨工业大学,2013.

[62] 林健,蔡志鹏,赵海燕,等. 外加磁场作用方向对焊接残余应力的影响[J]. 机械工程学报,2006,42(11):202-205.

[63] Wang Z,Huang Y,Guo W,et al. Effect of a pulsed magnetic field on the tribological properties of amorphous/nanocrystalline composite coatings by supersonic plasma spraying[J]. Applied Surface Science. 2022,606:154853.

[64] Zhang Y F,Fang C Y,Huang Y F,et al. Enhancement of fatigue performance of 20Cr2Ni4A gear steel treated by pulsed magnetic treatment: influence mechanism of residual stress[J]. Journal of Magnetism and Magnetic Materials,2021,540:168327.

[65] Wan Y,Xing Z G,Huang Y F,et al. Effect of pulse magnetic field treatment on

the hardness of 20Cr2Ni4A steel[J]. Journal of Magnetism and Magnetic Materials,2021,538:168248.

[66] Ma L P,Zhao W X,Liang Z Q,et al. An investigation on the mechanical property changing mechanism of highspeed steel by pulsed magnetic treatment[J]. Materials Science & Engineering A. 2014,609:16-25.

[67] Shao Q,Wang G,Wang H D,et al. Improvement in uniformity of alloy steel by pulsed magnetic field treatment[J]. Materials Science and Engineering A,2020,799:140143.

[68] 梁志强,马利平,王西彬,等. 脉冲磁场对高速钢刀具材料摩擦磨损性能的影响[J]. 兵工学报,2015,36(5):904-910.

[69] 梁志杰,苗西魁. 类激光冷补技术在石化装置急冷塔现场再制造中的应用[J]. 中国表面工程,2017,30(3):2.

[70] 陈江. 激光熔覆加等离子喷涂对烟气轮机叶片再制造[J]. 中国表面工程,2009,22(2):73.

[71] 刘明,马国政. 内孔高能等离子喷涂在泥浆泵缸套内表面强化与修复中的应用[J]. 中国表面工程,2020,33(5):2.

[72] 中国机械工程学会再制造工程分会. 再制造技术路线图[M]. 北京:中国科学技术出版社,2016:11.

第4篇　再制造行业篇

据工信部统计,"十三五"期间(2016—2020年)我国工业增加值从23.5万亿元增长至31.3万亿元,截至2021年我国全年工业增加值已达37.3万亿元,其中制造业增加值达到31.4万亿元,连续12年雄踞世界榜首,占全球制造业总值的近1/3。我国制造业的蓬勃发展和良好的市场环境是再制造行业能取得成绩的基石。2022年全国已拥有2000家具备再制造产业基础的企业,并有望在"十四五"期间实现2000亿元产值。

第 7 章 汽车零部件再制造

7.1 汽车零部件再制造概况

汽车零部件的再制造包含了旧件回收、拆解、清洗、检测、再制造加工、装配、再检测、配送至经销商等一系列流程,以使废旧零部件得到批量化和产业化的修复和性能提升。

汽车零部件再制造是我国乃至全球再制造热点之一。全球汽车零部件再制造的产业规模占再制造产业总值近1/5,欧美发达国家汽车售后市场中再制造零部件占比高达80%[1-2]。我国的汽车零部件再制造起步较晚,再制造汽车零部件使用率仅为2%~3%,远低于欧美发达国家水平[3]。然而我国汽车零部件再制造发展势头良好,2020年行业产值达到500亿元,再制造产品不仅覆盖传统汽车"五大总成",也逐步延伸到新能源汽车的"三电"系统,汽车零部件再制造市场具有巨大潜力[4-5]。

汽车零部件再制造在我国再制造市场中占比最大,也是发展速度最快、扶持力度最强、配套政策最为完善的再制造行业之一。近20年,我国出台了多部汽车零部件再制造政策法规;2001年6月,国务院通过了《报废汽车回收管理办法》,这是我国首部规范报废机动车回收管理的政府性文件;2008年3月,发改委发布了《关于组织开展汽车零部件再制造试点工作的通知》,14家企业成为第一批汽车零部件再制造试点单位;2009年1月,《中华人民共和国循环经济促进法》正式实施,表明国家支持企业开展机动车零部件等产品的再制造,为推进再制造产业发展提供了法律依据。2010年2月,为了进一步加强对再制造产品的监管力度,发改委、工商管理局联合发布了《关于启用并加强汽车零部件再制造产品标志管理与保护的通知》,确定启用汽车零部件再制造产品标志。2019 年 5 月,国务院颁布了《报废机动车回收管理办法》,"五大总成"即发动机、方向机、变速器、前后桥、车架的再制造被全面许可。2021 年 4 月,国家发改委等 8 部委联合发布了《汽车零部件再制造规范管理暂行办法》,有效地规范了汽车零部件再制造市场秩序,保障了再制造产品的质量,极大地推动了汽车零部件再制造产业规范化发展。同年 6 月,工信部等 4 部委出台了《汽车产品生产者责任延伸试点实施方案》,指导汽车生产企业开展报废汽车逆向回收体系建设,扩大了再制造产品使用,提高了汽车资源综合利用率,从企业运营模式和管理制度的角度为推进汽车零部件再制造发展提供指导路线。

依据市场的发展需求不断调整和完善相关制度和规定,目前我国已逐步建立了一套相对有效可靠的汽车零部件再制造政策体系,对我国汽车零部件再制造产业的发展起到了积极的引导和推动作用。

7.2 汽车零部件再制造产业现状

7.2.1 国外汽车零部件再制造产业现状

汽车零部件的回收和再制造在欧美发达国家已形成相对完善的产业链,并体现出巨大的产业价值。据统计,美国汽车零部件再制造总产值约达 150 亿美元,欧盟国家及英国和爱尔兰地区约 81 亿欧元,日本 10 亿美元,韩国 6 亿美元[6]。

美国的汽车零部件再制造产业一直处于世界领先水平。据不完全统计,2012 年全美就有 300 多家员工数量超过 20 人的汽车零部件再制造厂商,规模更小的再制造厂可能多达万家,而像卡特彼勒、康明斯、雷米集团等是全球汽车零部件再制造领域的知名龙头企业。美国的汽车零部件再制造企业类型主要分为 3 类:第一类是原汽车生产商(Original Equipment Manufacturers,OEM);第二类是原配件供应商(Original Equipment Suppliers,OSE),第三类是独立再制造商(Independent Remanufacturing Firms)[7]。2015 年,美国通过了《联邦车辆维修成本节约法案 2015》,以立法形式对机动车维修和回收处理进行规范,法案鼓励政府部门用车使用再制造汽车零部件。

自 2000 年欧盟颁布《报废汽车回收条例》以来,欧盟国家对汽车零部件回收再利用的要求越来越高。条例规定,回收再利用的零部件在汽车配件市场中的占比从最初的75%上调至85%,这一措施也极大地激励了欧洲汽车再制造行业的发展。欧洲各国中,德国凭借其先进的汽车制造技术以及大众、奥迪、奔驰等一系列国际知名企业,汽车零部件再制造产值占欧盟总产值近1/3。通过采用先进的发动机再制造技术,德国的汽车售后服务市场领域再制造发动机及其配件的销售量和新机的销售量比例高达9∶1。德国Weiland公司是欧洲最大的汽车零部件再制造厂商,每年可生产约2200万个再制造零部件,占欧洲再制造零部件总量的70%以上,主要分销给其他大型汽车配件供应商、独立再制造厂商,另有一小部分出售给原始设备再制造厂商[6]。

7.2.2 国内汽车零部件再制造产业现状

汽车零部件再制造产业的发展离不开汽车产业的整体发展。2021年,国内汽车产销量分别达到2608.2万辆和2627.5万辆,同比增长3.4%和3.8%,产销总量连续13年稳居全球第一,汽车制造业累计营业收入达86706亿元。虽然近年受疫情影响,销量小幅回落,但是产业整体发展趋势依然良好[8]。

图7-1显示了我国2010—2021年汽车产销量和民用汽车保有量。我国汽车产销量自2013年以来连续9年保持在200万辆以上,民用车保有量基本呈平稳上升趋势。2021年,我国汽车产销量比2020年呈现正增长,结束了自2018年以来连续3年的下降局面[9]。

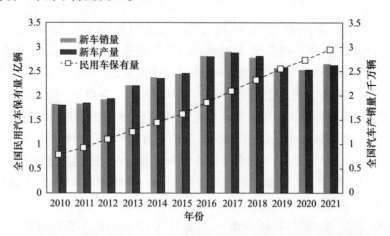

图7-1 我国2010—2021年全国汽车产销量和民用汽车保有量

据国家统计局和中国汽车工业协会统计,近年来我国报废汽车的回收量整体保持上升趋势,从2017年的159.3万辆增长至2020年的206.6万辆。根据公安部统计数据推测,近年来我国理论汽车报废量保持在 300～600 万辆之间,2020 年之前回收率长期低于 30%,汽车报废率仅为 1%～3%,与欧美等发达国家近 95% 的回收率和 6%～7% 的报废率相比差距明显,报废汽车回收领域仍有巨大提升和发展空间(图 7-2)。汽车零部件中所含黑色金属、有色金属、贵金属、电子设备、玻璃、车用塑料等均为可回收利用资源,对报废车辆的非法回收拆解和贩卖可造成资源大量浪费,并导致严重的环境问题。因此,作为汽车零部件再制造产业的上游环节,提高汽车报废率,有效开拓报废汽车的合法回收渠道,提升消费者对报废汽车处理方法的认识是汽车行业和我国立法部门需要重点解决的问题[8]。

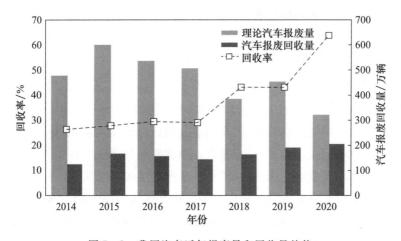

图 7-2 我国汽车近年报废量和回收量趋势

2009 年底,我国实现了汽车发动机、变速箱、转向机、发电机共 23 万台的再制造能力,经历近几年的快速发展,目前我国汽车零部件再制造产品已涵盖发电机、制动卡钳、启动马达、雨刮电机、方向机、动力转向油泵、变速箱、发动机、汽车电控单元(ECU)、自动变速箱控制单元(TCU)、灯具等部件。2017 年,我国汽车零部件再制造试点和示范基地相关企业的产值超过 40 亿元,其中发动机再制造产值超过 14 亿元[10]。截至 2018 年底,中国汽车工业协会再制造分会有会员企业接近 100 家,以国家试点企业为骨干,另有经常参加协会活动的再制造企业,包括旧件回收、技术服务、设备供应等再制造产业链中的企业 300～400 家。2018 年,再制造发动机 10 万台,自动变速箱 20 万台,发电机、起动机 1500 万台,转向机 200 万只。另外,空调泵、车灯、铝制车门、ECU/TCU、各类传感器、各种阀体等再制造产品也形成批量生产。汽车零部件再制造产业交易额估计超过 300 亿元[11]。2020 年,中国汽车零部件再制造产值超 500 亿元,企业数量近 1000 家,占全国再制造企业数量的近一半,未来 5 年内我国汽车零部件再制造市场规模有望突破 1000 亿元[12-14]。

7.3 汽车零部件再制造运营模式和企业

全球汽车零部件再制造产业的运行模式主要分为4大类:原始设备再制造商责任制模式、独立再制造商模式、承包再制造商模式及联合再制造商模式。目前,我国汽车零部件再制造经营模式主要是原始设备再制造商责任制模式和独立再制造商模式。

原始设备再制造企业,主要是整车生产企业或者原始配件供应商,企业产品以原制造产品为主,再制造生产与原制造企业的备件供应和服务体系以及销售渠道和销售网络都是互通的,技术要求基本与原厂标准一致。因此再制造产品可以完全达到原型新品的要求,使企业产品整体质量得到有效保证[11]。该运营模式有助于制造商对产品全生命周期进行管理,在设计产品时便可确保其报废后的回收可再制造性,能充分发挥企业的技术和质量保障能力,再制造产品质量一致性高,依托售后服务点无需新建物流网络。但是此类运营模式也存在明显的缺点——由于企业投资规模大,而可承担运营成本的企业数量少,且需将报废零部件返厂维修,而受限于再制造车间的数量,因此导致回收的经济成本和时间成本都较高;另外,此类运营模式下由于企业对回收零部件品牌和产品的限制,使得再制造品种单一,设备利用率低,或导致投入和产出比不理想。

独立再制造企业主要从事再制造零部件生产,此类企业以市场需求为牵引按需生产再制造产品,且不依附于原始设备企业也无须原始设备商授权,只对所生产的再制造产品质量负责[11]。在汽车零部件再制造市场秩序相对规范的欧美等国家,政府对产业发展的干预相对较小,主要采取市场竞争和行业自律的开放式管理模式,独立再制造企业凭借其灵活性的运营模式,市场占有率较高[15]。目前,此类企业在国内的发展势头良好,企业数量增长较快。企业以汽配交易市场、汽车维修、4S店等为主要销售渠道,可充分发挥企业和产品灵活性优势,有效覆盖下游销售网络。然而该类运营模式会导致各独立再制造企业技术水平差距较大,企业标准不统一、技术体系不一致而导致的产品质量参差不齐等问题可能会影响消费的使用体验,甚至出现损害消费者利益的情况。因此应加强对此类产品的监管力度,进一步完善独立再制造企业监管体系。

2008年发布的《国家发展改革委办公厅关于组织开展汽车零部件再制造试点工作的通知》以及2016年发布的《机电产品再制造试点单位名单(第二批)》先后将50余家企业纳入汽车零部件再制造试点单位(图7-3)。例如:2015年

中国再制造进展

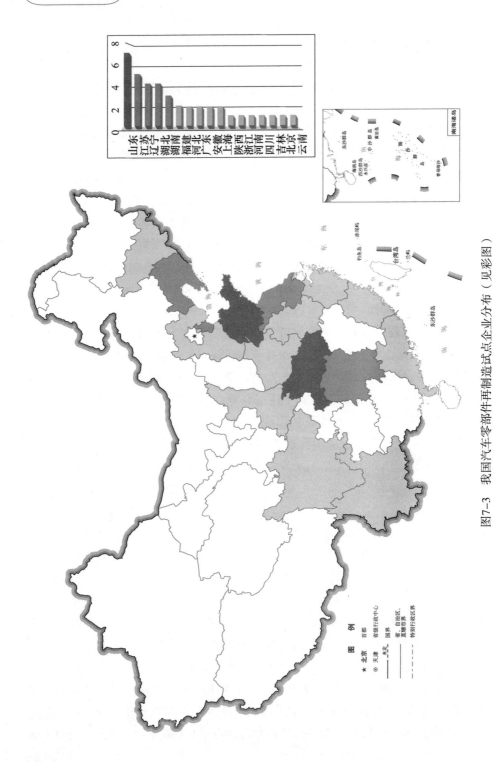

图7-3 我国汽车零部件再制造试点企业分布（见彩图）

成立,主要从事发动机再制造的张家港优佩易动力科技有限公司;1998年成立,主攻变速箱再制造的广州市花都全球自动变速箱有限公司(生产的再制造变速箱,价格只有新品的20%,极具市场竞争力[16]);2008年成立,主要从事变速器再制造的法士特公司等。

另外,国内还有不少企业正在从事车门、保险杠、翼子板、车灯、发动机舱盖等外观件再制造业务,如常州汉科汽车科技有限公司、常州顺扬车辆配件有限公司、湖南福懋汽车零部件再制造有限公司、上海锦持汽车零部件再制造有限公司及上海车功坊智能科技股份有限公司等。从现有的技术水平来看,外观件再制造主要是对其外观性能进行修复,并保证其功能和安全性能。针对外观件再制造形成了多项专利,涉及修复材料、钣金技术以及工艺、检测等方方面面,已经较为成熟[17]。

7.4 我国汽车零部件再制造发展趋势和挑战

7.4.1 发展趋势

汽车零部件再制造一直以来是我国再制造产业的中流砥柱。随着我国人均汽车保有量的不断攀升,未来10~20年,汽车零部件再制造将继续成为我国再制造产业的重点发展领域。应抓住"十四五"期间国家大力推进再制造发展的机遇,以汽车零部件再制造为龙头,完善再制造产业集聚区建设,建立国际领先的汽车零部件再制造试点单位。建立起生产者延伸责任制度下的汽车产品回收、利用、再制造/再利用、再销售产业体系。通过政策制定,扩展报废汽车的回收渠道,提升实际回收率,达到欧美发达国家水平,并提高再制造零部件在维修售后中的占比。通过有效的监管措施实现汽车产品的全生命周期管控,严格落实再制造产品认证体系,使再利用技术在行业内普及。未来5年内我国汽车零部件再制造产业总值有望突破千亿元,未来10~20年,报废汽车年处理总量将达数千万辆。应提前布局,全面提高规模以上再制造企业数量,提升企业再制造产能,尤其是要完善汽车零部件再制造全产业链,抓紧建设一批拆解、破碎、分选企业以及零部件再制造企业,以确保未来我国汽车零部件再制造市场需求。

据中国汽车工业协会统计,2022年我国出口汽车达到311万辆,比2022年增长54%[18]。其中,南美、中东、东南亚等地的发展中国家以及俄罗斯、比利时等欧洲国家都是我国汽车海外销售的集聚地[8]。随着中国自主品牌在技术和产能上不断突破,国际认可度持续提升,海外销量也逐年增长。世界范围内,汽车零部件再制造已形成巨大产业链,成为绿色发展和绿色经济的重要组成部分。世界著名汽车及零部件企业,为了将先进的产品技术和产品优势转化成出口国对高端再制造或维修汽配件的需求,积极扩展海外市场,同时为了节省运输成本和海外运营成本,也在主要汽车消费国和新兴市场进行独资建厂、合资建厂和海外并购,成立再制造基地和维修中心。因此,积极规划部署出口汽车零部件再制造战略,扩展海外市场将成为我国汽车零部件再制造产业发展新的增长点。

7.4.2 发展困难和挑战

1. 消费者认知度不高

国内消费者对再制造产品缺乏认知,存在偏见,经常将再制造产品和翻修产品混淆是导致我国再制造汽车零部件市场份额依然较低的主要原因之一。其根源在于我国市场上的翻新产品鱼龙混杂,缺乏明确的产品标识且再制造汽车零部件生产工艺标准不统一,无法保证消费者的使用体验。同时,政府缺乏持续有效的激励政策,再制造产品难以在大众中得到推广。2013年9月,国家发改委、财政部等联合发布《再制造产品"以旧换再"试点实施方案》,提出开展"以旧换再"试点工作,2015年试点工作正式在全国启动。数据显示,在工作开展期间,国家对符合条件的汽车发动机、变速箱等再制造产品按照置换价格的10%进行补贴,再制造发动机最高补贴2000元,再制造变速箱最高补贴1000元,一定程度上刺激了再制造产品的宣传和推广[19]。然而政策停止后再制造汽车零部件使用率明显回落,这一现象也证实了在现阶段,国家出台的补贴政策和奖励机制对再制造产品的推广和使用有一定的积极作用,这一模式也是短期内提升大众消费者对再制造产品认知的最有效手段。

2. 流通市场有待加强

目前,制约汽车零部件市场流通的主要因素在于:再制造企业在采购旧件时无法取得增值税发票,没有进项税,难以进行成本抵扣,大大压缩了自身利润空间;再制造产品"以旧换再"政策只实施了一段时间,没有取得持续性效益,且"以旧换再"数据审核严格,信息录入不规范或不齐全都将导致企业无法获得补贴;保修期内不能使用再制造产品也严重制约了市场发展,由于在售后"三包"期内使用再制造产品可能会导致消费者不满,因此国内许多整车企业对添加再制造业务仍持观望态度。因此,推动再制造零部件的市场流通,提供良好市场环境,急需政府为汽车零部件再制造企业以及整车企业开展再制造业务提供政策依据。

3. 再制造企业利润有限

目前,零部件再制造产品的实际价格只有新品的 3.5~4.5 折,比几年前下降了 30% 以上,同时旧件价格上涨 40%,再制造企业利润锐减,加之无税负进项可供抵扣,很多企业已无法有效经营[20]。此外,部分企业受旧件进口政策的影响较大,目前国内旧件品相参差不齐,可供生产的价值不一,因此适度放开国外优质汽车零部件毛坯的进口可一定程度上缓解国内旧件紧缺的现状,提升部分汽车零部件再制造企业的利润空间。

4. 相关政策有待完善

为了严格管控非法汽车组装,我国自 2001 年颁布《机动车报废法》以来逐步放宽了汽车零部件再制造的范畴,从之前只允许极少数零部件的再制造,到 2019 年《报废机动车回收管理办法》规定有再制造资质的企业可对"五大总成"进行再制造活动,极大地拓宽了再制造产品的范畴,体现了汽车零部件再制造政策对再制造产业的积极引导作用。然而在汽车零部件再制造过程中的回收、拆解、检测等工序上,相关政策和立法仍不完善,如汽车回收率长期处于 30% 左右,远低于发达国家近 90% 的回收率,报废汽车的非法回收利用可能导致大量资源浪费,并造成严重的环境问题,因此应尽快推出一套完整的政策法规以有效地规范管理汽车零部件再制造产业链中的每个环节,促进汽车零部件再制造产业长期可持续发展。

参考文献

[1] GUNASEKARA H N W, GAMAGE J R, PUNCHIHEWA H K G. Remanufacturing for sustainability: a comprehensive business model for automotive parts remanufacturing[J]. International Journal of Sustainable Engineering, 2021, 14(6): 1386-1395.

[2] 张振,陈思锦. 规范汽车零部件再制造行为和市场秩序:国家发展改革委环资司有关负责同志就《汽车零部件再制造规范管理暂行办法》答记者问[J]. 中国经贸导刊, 2021, 10: 12-13.

[3] 刘阳阳,王晨阳. 汽车零部件再制造产业发展现状及实施认证必要性[J].

科技创新与应用,2021,26:61-63.

[4] 叶盛基.实施"双碳"战略重视发展汽车零部件再制造产业[J].汽车纵横,2022,5:3.

[5] 刘阳阳,王晨阳.汽车零部件再制造产业发展现状及实施认证必要性[J].科技创新与应用,2021,26:61-63.

[6] European Remanufacturing Network. Remanufacturing market study [R/OL]. (2015-10-01)[2022-07-15]. https://www.remanufacturing.eu/assets/pdfs/remanufacturing-market-study.pdf.

[7] United States International Trade Commission. Remanufactured Goods: An overview of the U.S. and global industries, markets, and trade [R/OL]. (2012-10-01)[2022-07-15]. https://www.usitc.gov/publications/332/pub4356.pdf.

[8] 中国汽车工业协会行业信息部.2021年汽车工业经济运行情况[EB/OL].(2022-01-12)[2022-07-15]. http://www.caam.org.cn/chn/1/cate_148/con_5235337.html.

[9] 工信部装备工业发展中心.中国汽车产业发展年报2021[R].北京:工业和信息化部,2021.

[10] 爱车兵团.成本低且可延长汽车寿命的再制造业国内现状分析[J].表面工程与再制造,2019,19(6):32-33.

[11] 谢建军.中国汽车零部件再制造市场分析[J].表面工程与再制造,2021,21(2):32-34.

[12] 史佩京.中国汽车零部件再制造产业技术发展现状及趋势[J].表面工程与再制造,2021,21(6):27-30.

[13] 郑雪芹.新兴的朝阳产业:汽车零部件再制造[J].汽车纵横,2019,4:53-55.

[14] 陈科.推行企业质量管理体系认证,规范我国汽车零部件再制造行业发展[J].汽车与配件,2021,19:52-53.

[15] Optimat. Remanufacture, refurbishment, reuse and recycling of vehicles: trends and opportunities [R/OL]. (2013-12-18)[2022-07-15]. https://www.gov.scot/publications/remanufacture-refurbishment-reuse-recycling-vehicles-trends-opportunities/.

[16] 马蓉.双碳目标背景下,再制造产业发展的新机遇[N/OL].(2021-11-16)[2022-07-15]. http://www.remanchina.org/news_view.asp?id

=629.

[17] 罗健夫,冷欣新,何杰朗,等.中国再制造产业发展报告[M].北京:机械工业出版社,2019:9.

[18] 中国汽车工业协会行业信息部.2022年汽车工业产销情况[EB/OL].(2023-01-12)[2023-02-24].http://www.caam.org.cn/chn/5/cate_39/con_5236639.html.

[19] 发改委.再制造产品"以旧换再"推广试点企业征集工作启动[EB/OL].(2014-09-01)[2022-07-15].https://www.ndrc.gov.cn/fzggw/jgsj/hzs/sjdt/201409/t20140915_1130953.html.

[20] 赵玲玲.从试点到规模化发展,零部件再制造离跃上台阶还有多远[J].表面工程与再制造,2020,20(5):50-51.

第 8 章
工程机械再制造

8.1 工程机械再制造概况

欧美等国家对工程机械的研制起步较早,经过百年发展,以美国为代表的发达国家的工程机械制造技术日趋成熟,在世界工程机械行业中占据着绝对优势。我国对工程机械的研究起始于20世纪70年代,在国防建设、交通运输建设、农林水利建设、城市建设、工业建设和生产等领域发挥了重要作用。工程机械主要包括挖掘机、起重机、装载机、凿岩机等。近20年,工程机械行业在调整了发展方式和产业结构后取得明显成效,综合实力和国际竞争力显著增强[1]。目前,我国工程机械产品产销量均位居世界第一,并拥有全球最大的工程机械市场,整体已迈入工程机械制造大国行列。

进入21世纪,如卡特彼勒、小松等国外知名工程机械企业开始探索国内工程机械再制造的市场机遇,并将当时国外相对成熟的再制造商业模式引入中国市场。为了拓展国内工程机械再制造市场、探索再制造政策、发展再制造技术,工信部于2009年12月发布《机电产品再制造试点单位名单(第一批)》,徐工集团工程机械有限公司、武汉千里马工程机械再制造有限公司、广西柳工机械有限公司、卡特彼勒再制造工业(上海)有限公司、天津工程机械研究院、中联重科股份有限公司和三一重工股份有限公司成为国内首批尝试机械产品再制造领域的7家企业。2010年5月,国家发改委会同其他10部门发布《关于推进再制造产业发展的意见》,提出推动、组织开展工程机械、机床等的再制造,提高再制造水平。2016年2月,工信部发布《机电产品再制造试点单位名单(第二批)》,目前通过验收的机械产品再制造试点企业已达13家。

8.2 工程机械再制造产业现状

8.2.1 国外工程机械再制造产业现状

工程机械设备再制造在欧美国家及日本的再制造产业中占据相当重要的地位。工程机械再制造由于对资源的回收利用、性价比高等优点,已成为欧美国家再制造产业的重要一环。据统计,美国工程机械再制造产业总值早在2011年就超过了70多亿美元,约占全美再制造总产值15%,仅次于航天航空装备再制造,是全美第二大再制造行业。工程机械在美国已被要求全部实现再制造,并建立了严格的制度,即工程机械产品的制造商必须负责对其售出的临近使用期限的工程机械进行全部回收和再制造。据估测,目前美国工程机械再制造产业总值可能已达到180亿美元。欧洲工程机械再制造产值已达到41亿欧元,其市场份额仅次于航空航天和汽车零部件再制造。另外,工程机械再制造行业在日本和韩国也占有重要地位。

国际上比较知名的工程机械产品再制造商包括美国的卡特彼勒公司、约翰迪尔公司以及日本的小松公司和日立建机公司。作为世界范围内再制造的领头企业,卡特彼勒公司自20世纪80年代就开始探索挖掘机等工程机械产品的再制造,其再制造公司工厂分布在8个国家,全球范围内售出的零部件有20%是再制造产品。2019年,卡特彼勒公司在陕西省投资的工程机械再制造中心项目获批,对进一步深化高端装备制造技术发展,促进产业结构优化升级起到积极的推动作用。项目建成后,年产值预计将达到7亿元[2]。日本的小松、日立建机等工程机械厂家在20世纪末纷纷开设专业的工程机械再制造厂,或与其他专业再制造厂、再制造经销商建立联营网络,开展工程机械再制造业务,以此弥补因新机销售不旺带来的利润损失。

8.2.2 国内工程机械再制造产业现状

随着我国社会经济的高速发展,对各类工程机械的需求也与日俱增,并逐渐成为工程机械的产销大国。经过50多年的发展,我国已形成22大类工程机械产品,是全球产品类别和品种最齐全的国家之一,国内市场满足率持续提升[3-4]。据中国工程机械工业协会统计,我国工程机械行业市场规模在前几年经历小幅下滑后,自2016年下半年以来,市场需求不断扩大,市场规模有所回升,截至2021年工程机械行业市场规模超8000亿元,同比增长12%。主要工程机械的销售量由2020年的147.5万台增长至2021年的171万台,增幅达16%,除了叉车外,挖掘机、起重机、装载机的销量占比最高(图8-1)。

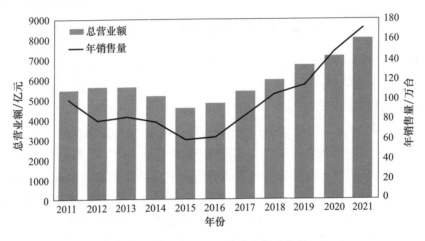

图8-1 我国工程机械营业额及销量

如图8-2所示,截至2020年年底,我国工程机械主要产品保有量为800万~870万台,其中叉车保有量为326万~353万台,液压挖掘机保有量为188万~204万台,装载机保有量为122万~132万台,压路机保有量约为15万台[5]。以液压挖掘机和装载机为例,由于老旧而被报废淘汰的数量每年为10万~15万台,若有10%的报废淘汰产品能进入再制造,即可极大地提升再制造产品毛坯供给水平,促进工程机械产品再制造产业链的良性循环,发展前景可观[1]。随着国内工程机械销量、保有量的大幅增长,寻找一种可持续的生产和消费模式,对于推进工程机械行业节能降耗、减排来说至关重要,因此发展再制造产业是可持续发展战略的必然要求,也是发展绿色经济的具体实现方式。

工程机械再制造产业的快速启动离不开政府政策的引导和推动。对国外企业再制造业务的研究和分析帮助国内企业充分了解了与国际先进企业的差距,加之国内政策的倾斜和大力扶持,工程机械再制造行业展现了巨大的发展契机。再制造业务的发展与产业所处的发展阶段、市场进化程度密切相关,随着我国工程机械保有量和报废量的持续增长,工程机械产业和市场发展程度已经为再制造业务的发展提供了可能。在经济结构由粗放型向集约型转变、经济发展趋势

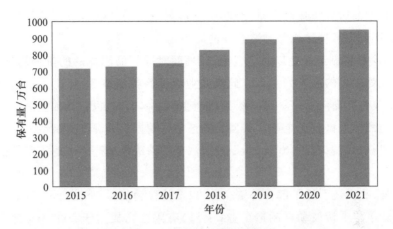

图 8-2 我国工程机械保有量

向绿色节能属性靠拢的形势下,再制造业务无疑将为工程机械产业转型和升级提供一个很好的机会。将再制造和相关业务提升至企业战略高度,给予足够重视,借鉴国际先进企业再制造的经验和模式、结合企业具体情况制定实施策略是我国工程机械企业的未来发展方向。

8.3 工程机械再制造运营模式和企业

工程机械保有量和报废量的快速增长、产业转型升级的发展趋势以及企业对经营模式创新的强烈意愿等,为工程机械再制造的发展提供了良好的市场环境。目前,我国工程机械再制造的运营模式与汽车零部件再制造相似,主要以原厂再制造企业模式和小型再制造企业和经销商代理模式为主,同时还有部分外资再制造企业。

(1)原厂再制造企业主要是整机设备制造商或其投资、控股或授权的再制造企业,其回收和再制造对象主要是原制造商的产品。从工程机械再制造试点单位来看,徐工集团、广西柳工机械股份有限公司、中联重科股份有限公司、三一集团、中铁集团等为代表的整机制造商,在我国机械工程再制造行业占有重要地位。这些企业规模较大,技术体系也相对完善。以三一集团为例,通过联合国内高等院校的专业技术团队,承担了"工程机械绿色再制造"等国家级研究项目,开发了混凝土泵车再制造等成套技术,为我国工程机械制造业的绿色可持续发展做出了积极贡献[6]。原厂再制造企业可对整机或核心零部件进行再制造,对回收毛坯的品牌和质量有严格标准,由于再制造后的产品可被授予原制造企业的标识,因此可直接进入原制造企业的后市场服务体系。

(2)小型再制造企业以及承包商、代理商对原产品制造商的依赖程度较小,主要以维修市场的需求为主导。此类企业以销售再制造零部件为主,销售渠道广泛,不仅包括面向后市场提供服务的企业和个体用户,也包括独立的再制造企业或制造商体系再制造企业。典型企业包括以挖掘机零部件再制造为主的千里马工程机械再制造有限公司以及以重型汽车发动机再制造为主的济南复强动力有限公司。

另外,我国还引进了部分外资企业,以卡特彼勒公司、小松公司、日立建机公司等为代表。卡特彼勒再制造工业(上海)有限公司成立于2005年,是卡特彼勒在中国的第一家再制造工厂,主要从事液压泵、发动机零部件等产品的再制造[7]。日本小松公司2008年在朔州开设了小松(朔州)再制造有限公司,主要从事工程机械发动机/变速箱等核心零部件以及矿用卡车、推土机、平地机的整机再制造[8]。日立建机(上海)机械配件制造有限公司于2019年在上海宝山工业园区正式成立,配件再制造则是其经营的重要内容,主要对液压挖掘机的泵总成、发动机总成等核心零部件进行再制造[9]。虽然外资企业的再制造商业模式成熟,进入中国市场也较早,但是受政策、市场环境等方面的影响发展相对缓慢。

8.4 工程机械再制造发展趋势和挑战

8.4.1 发展趋势

1. 突破企业发展模式的限制

企业的产业化水平与市场占有率具有正相关关系,想要提升企业的产业化水平,规模化发展就成为必然。目前,我国工程机械再制造的主力仍是资力雄厚的整机制造商,独立再制造商受限于毛坯回收渠道、资金配置和产能规模,市场占有率始终保持在较低水平[10]。政府应出台相关政策加大对中小型企业的扶持力度,鼓励企业提升自主研发能力,促进企业间的良性竞争[11]。另外,部分国内工程机械再制造龙头企业的产品已经进入国际先进行列,可以此为契机,打破国外对我国高端工程机械市场的垄断,加强开拓市场的能力,形成多元化的经营方式。

2. 加强关键技术创新和标准体系建设

缺乏一套成熟通用的应用标准和技术流程是制约我国工程机械再制造企业发展的一大因素。发达国家工程机械再制造技术的通用化、标准化、系列化水平已普遍超过65%,而我国同期同类产品的"三化"平均水平还有待提升[1]。国内企业应在积极参与工程机械产品再制造技术标准制定的同时,加大再制造设计、毛坯检测、寿命评估、拆解与修复工艺等基础和前沿研究方面投入力度[11]。若要保证再制造产品在性能和质量上不低于甚至超越新品,需要提升机械产品从再制造原料选材到加工工艺到出厂检测一系列再制造产品制造的关键共性技术水平[12]。

8.4.2 发展困难和挑战

我国工程机械产品种类繁多、保有量巨大,但工程机械再制造产业的整体规模和技术水平仍处于初级阶段,发展速度相对缓慢,与欧美等发达国家实力差距较大。虽然部分从事工程机械再制造产业的企业已形成了一定规模,但整体行业与国外相比,产业规模较小、企业缺乏自主创新能力的劣势仍然明显。近年来,我国的再制造技术在自动化、智能化方面取得了较大进步,但由于再制造技术的研究主要按照政府投入经费、科研机构参与的形式,很多企业不愿意投入大量成本,导致再制造技术在各行业的发展不平衡,难以满足部分行业对先进再制造技术的需求。

1. 加大政策法规扶持力度

国家政策支持和法律法规是工程机械再制造产业发展的有力保障,虽然我国对工程机械再制造产业高度重视并组织建设了一批试点单位,但由于缺乏顶层设计和专业指导,工程机械再制造产业地域分布呈现出不均匀的发展状态[13]。应借鉴对汽车零部件再制造产业出台的政策法规,尽快出台工程机械再制造产品的税收减免或补贴政策,而以立法的形式从法律层面鼓励用户将报废的产品或拆解后的重要部件移交给指定厂商进行再制造处理,切实使企业产生效益[14]。

2. 技术创新和产品标准化有待提高

目前,我国正积极推进工程机械再制造工艺流程的标准化建设,然而由于起步较晚,工程机械再制造仍缺乏有效的检测和质量控制体系,导致再制造产品的质量难以得到保证[10]。应鼓励高校、科研机构和再制造企业积极参与开发新技术,并逐步建立起行业标准和质量保障体系。鼓励企业在产品开发阶段就考虑包括材料选用、结构设计、整机组装等产品的可再制造性,增强再制造技术在工程机械领域的适用性,进一步推进工程机械再制造行业的高质量发展。

3. 运营模式仍需完善和改进

目前,模块化、标准化设计越来越受到企业的重视,它能够缩短新产品的开发时间,加快产品零部件的更换速度。为了提高售后服务质量,保证产品的零部件在受损后得到及时更换,厂家多会提前采购一批配件并将其存放于库房中。但是,在很多情况下这些零件并未得到真正的利用,有些零件甚至还未被使用就已经过期,造成资源的浪费。另外,再制造企业常常因为零件的供应问题而影响整个工期,工程机械生产厂商与再制造企业之间存在严重的信息不对称问题[13]。因此,积极拓展销售渠道,创新交易模式,通过互联网平台实现线上系统化监管,有利于企业对工程机械再制造产品市场做出快速响应,提高配件周转率,最终增强企业竞争力[15]。

参考文献

[1] 罗健夫,冷欣新,何杰朗,等. 中国再制造产业发展报告[M]. 北京:机械工业出版社. 2019.

[2] 韩文. 卡特彼勒(陕西):工程机械再制造中心项目开工[J]. 表面工程与再制造,2020,20(Z2):72.

[3] 杜宇迪. 中国工程机械类产品出口的现状、问题及完善策略[J]. 对外经贸实务,2017,9:52-55.

[4] 龚晨. 工程机械发展现状研究[J]. 海峡科技与产业,2022,35(9):83-85.

[5] 王大宇,张梅青. 推进工程机械电动化催紧行业绿色高质量发展[J]. 建筑机械,2022,6:19-21.

[6] 三一重工. 三一集团:"绿色再制造"国家科技支撑计划课题通过验收[J]. 表面工程与再制造,2021,21(1):42.

[7] 卡特彼勒. 卡特彼勒再制造工业(上海)有限公司[EB/OL]. (2022-07-15)[2022-7-15]. https://www.cat-cn.com/company/factory-zzzgysh.html.

[8] 小松公司. 小松(朔州)再制造有限公司[EB/OL]. (2022-6-1)[2022-7-15]. https://www.komatsu.com.cn/about/company-detail.jsp?id=239.

[9] 日立建机. 再生配件[EB/OL]. (2022-7-15)[2022-7-15]. http://

www.hitachicm.com.cn/parts_service/parts/reproduce/index.html.

[10] 杨履冰. 工程机械再制造标准探究[J]. 大众标准化,2022,24:87-89.

[11] 杨君玉,张丹丹,冯刚."双碳"背景下工程机械再制造的探索[J]. 工程机械与维修,2022,3:44-47.

[12] 巩喜宝. 工程机械再制造及其关键技术[J]. 化工管理,2018,21:138-139.

[13] 姬文晨,杨雷,陈有俊. 我国工程机械再制造发展现状及建议[J]. 现代制造技术与装备,2020,56(11):130-132.

[14] 杨宁,李冰,徐武彬,等. 工程机械节能减排现状及发展新趋势[J]. 机械设计与制造,2021,1:297-300.

[15] 冯刚. 探析工程机械后市场高效运营模式[J]. 今日工程机械,2022,1:44-46.

第 9 章 矿山机械再制造

9.1 矿山机械再制造概况

矿山机械设备主要包括采矿机械、选矿机械、探矿机械等,在推动我国经济发展,实现工业化建设以及农村城镇化转型过程中发挥了重要作用。我国矿山机械量大面广,工作状况通常十分恶劣,零件表面磨损、腐蚀和划伤严重,因此矿山机械再制造势在必行,且潜力巨大。我国每年有15万台左右的矿山机械处于闲置或临近淘汰。矿山机械属于高附加值产品,如果直接报废处理将造成极大的资源浪费,再制造一台矿山设备或其关键零部件的费用比购置新品节约40%~50%,因此矿山机械的再制造不但可盘活废旧矿山设备资源,还可节约大量的设备制造费用,具有显著的经济效益[1-2]。

随着我国矿山机械产业进入转型发展的关键时期,矿山机械再制造领域的创新和突破需要满足产业结构转型需求,并结合现代化信息技术,改变传统行业发展模式,加强各行业之间的交流,构建资源共享和开放平台。在企业谋求利润的同时,建立满足客户的个性化需求的发展模式,积极探索矿山机械再制造产品的外贸业务。

9.2 矿山机械再制造产业现状

9.2.1 国外矿山机械再制造产业现状

欧美等国家对工程机械和矿山机械的再制造探索起步较早,目前已形成了较为成熟的产业结构、完善的产业链和规范化的生产流程[3]。目前,全球矿山机械高端市场仍由欧美企业占据,国外的前10大矿山机械制造商占据着85%左右的市场份额,整个产业的控制权集中在少数企业。卡特彼勒公司是全球最大、技术实力最强的再制造产业巨头,已在我国成立了卡特彼勒再制造工业(上海)有限公司。矿山上常见的沃尔沃、小松、凯斯等国外设备制造公司都有自己的再制造产业。

9.2.2 国内矿山机械再制造产业现状

我国是煤炭生产大国,全国煤炭行业每年报废的采煤机有200余台,约10000吨,掘进机600台,约25万吨,刮板运输机达近20万吨,矿山设备再制造潜力很大。由于市场增长速度快,产品销售以新增产能为主,更新需求占比较小。但是随着国家能源结构改革的深入,煤炭行业发展逐渐放缓,企业财务预算减少,相关行业去产能,煤机更新换代成为主要需求。与机床类似,在经历了10余年的产量增长后,自2018年起矿山机械设备的产量出现明显回落,据国家统计局统计数据显示,2020年产量已降至约650万吨(图9-1)。

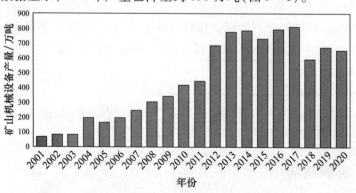

图9-1 我国矿山机械设备产量

我国的矿山机械主要应用于煤炭产业,2022年我国煤炭产量达45.6亿吨,同比增长10%[4]。随着煤炭产能、产量趋于稳定,市场逐渐进入发展成熟期,大批老旧、临近报废的设备面临着更新换代的问题。同时随着建设现代化煤炭产业体系的深入,对煤炭企业绿色化发展提出了更高的要求。矿山机械由于使用环境恶劣,机械零部件的磨损和腐蚀时常发生,煤机一般在2~3次维修之后报废,其中采煤机、输送机、掘进机寿命在5年左右,液压支架寿命在8~10年。综合来看,煤机平均寿命在7年左右。2018—2021年,每年煤炭产能中的设备更新需求约在900万吨。对破旧的矿山机械零部件进行再制造,恢复甚至提升其机械性能,能大幅降低资源浪费和对环境的破坏。近年来我国有大量矿山机械已处于报废状态或临近报废状态,随着再制造技术被市场认可,矿山机械再制造将逐渐形成完善的回收、加工、经销、进出口的产业链,完成规模化、产业化的转变。

9.3 矿山机械再制造运营模式和企业

工信部2009年底印发的《机电产品再制造试点单位名单(第一批)》,山东泰山建能机械集团公司、新疆三力机械制造有限公司、宁夏天地奔牛实业集团有限公司、胜利油田胜机石油装备有限公司、北京三兴汽车有限公司、成都百施特金刚石钻头有限公司、松原大多油田配套产业有限公司7家企业被列为矿山机械再制造试点单位。其中,山东泰山建能机械集团公司和胜利油田胜机石油装备有限公司被评为示范单位。2016年工信部发布的《机电产品再制造试点单位名单(第二批)》,中冶京诚(湘潭)矿山装备有限公司被列为试点单位。另外,山东能源机械集团有限公司被国家发改委和经贸委列为国家唯一矿山设备再制造基地,独家拥有世界先进不锈钢立柱制造技术,已形成每年再制造10万台套隔爆电机及配件和5万台套矿用减速器及配件的生产能力,年产值3亿多元。

9.4 矿山机械再制造发展趋势和挑战

9.4.1 发展趋势

目前我国铁矿和原油产量基本保持稳定,煤炭、有色金属、天然气产量稳中有升,矿山机械行业整体销售呈现持续增长态势。然而随着我国能源结构改革深化,对清洁能源的需求进一步增大,矿采行业的结构和比重将随之调整。长期来看,我国将逐渐减少对煤炭资源的依赖,煤炭产销将趋于稳定,届时产能置换结束,行业将进入完全更新市场,市场需求波动将大幅下降,再制造市场需求有望上升。而有色金属、石油和天然气的产量在未来相对稳定,相比煤矿产业进入市场成熟期时间相对滞后,相关再制造企业应提前布局,可借鉴煤炭行业机械再制造成功经验,结合自身优势,制定相关领域再制造产业化运行机制和管理模式。

1. 加速高端智能化矿山机械设备再制造技术

以我国煤炭行业为例。随着我国现代化煤炭产业体系加快构建,大量高端智能化设备投入使用。2022年,我国已建成智能化煤矿572处,31种煤矿机器人投入煤矿现场应用,不仅大幅提升了开采效率,而且大幅推进了行业降碳减排[4]。在全面建设安全高效、绿色低碳、智能化煤炭产业的背景下,高端智能化设备将进一步占据煤机市场,矿山机械再制造产品正向环保和智能化的方向发展。

2. 加速建设多元化矿山机械再制造营销模式

随着国内市场营销向互联网线上模式转变,虽然对传统线下营销企业造成了不小的冲击,但同时也带来了机遇,如线上物资采购服务平台可有效整合矿采产业上下游供需,为推广再制造产品提供有效和便利的售后渠道。《2022煤炭行业发展年度报告》中指出,未来将继续提升产业供应链的现代化水平,大力建设智能化、现代化产业体系。煤炭产业与现代服务业、数字经济、网络化协同的加速融合将成为未来发展趋势,因此矿山机械再制造企业也应紧跟步伐,积极拓展线上服务业务,加速多元化矿山机械后市场体系建设,积极探索矿山机械再制造的新业态、新模式。

3. 加大石油钻采设备再制造市场探索

为了确保国内石油和天然气等战略资源储备,"十四五"期间我国将继续加大对油气田的勘探和开发力度。据统计,2014年我国油田再用油管已达700万吨,每年报废油管约70吨,这些油管的可再制造率高达80%[5]。尤其近年来我国油气重大关键技术装备逐渐实现自主研发,越来越多的开采设备转向国产化,对油田设备再制造企业来说市场发展前景更加可观。从目前政策来看,我国油气钻采设备的保有量和报废量将持续走高,但相关再制造技术和再制造标准仍处于探索阶段,因此在油气钻采设备的再制造领域进行提前部署,加速技术的创新应用和推广,将为油田开发及企业发展带来良好的经济和社会效益。

9.4.2 发展困难和挑战

1. 消费者观念及再制造产品市场

矿山机械行业是我国推进行业向节能减排、绿色环保改革的重点领域,许多企业也制定了相关发展策略。然而很多用户对再制造产品缺乏了解和认同,认为再制造就是在废旧设备的基础上修复旧的产品,废旧设备修复的质量比不上新设备,尤其在工作环境恶劣、设备磨损快的情况下对再制造产品的安全性和质量保障存有顾虑[6]。由于缺乏消费者团体,导致矿山机械产品再制造市场发展相对缓慢,尤其是煤炭行业长期发展放缓可能对我国矿山机械再制造市场需求造成不利影响[7]。矿山再制造企业应通过寻找新型线上销售模式并联合政府部门对相关再制造产品进行有效推广以扩大消费者群体,同时拓展除煤炭行业以外的矿采机械再制造机遇。

2. 技术创新不够,专业人才缺乏

我国矿山机械再制造企业相对较少,从两批机电产品再制造试点单位名单来看,80余家入选单位中仅7家为矿山机械再制造相关企业。我国矿山机械再制造产品种类和采用的再制造技术也相对单一,且主要集中在煤矿开采设备领域,从国家发布的《机电产品再制造技术及装备目录》与公布的9批《再制造产品目录》来看,我国矿山机械再制造技术及装备还未形成完善的再制造体系。

由于矿山机械再制造产业推广应用范围小,以致开展的再制造技术研究项目少,再制造企业发展慢、自身研发能力薄弱,尤其缺乏无损检测、表面自修复、纳米表面涂层等相关设备和技术应用[6,8-9]。技术的创新和应用需要专业化人才培养机制,矿山机械再制造企业缺少专业技术人才,特别是在再制造领域有一定研发能力的人才。没有好的人才、技术和专业装备保障,发展再制造产业将非常困难。

3. 产业链体系不完善,企业竞争力较弱

在矿山设备再制造产业中,废旧设备的回收问题不可小视。我国目前还没有开放废旧设备及零部件自由流通市场,因此废旧设备的回收存在诸多困难。煤炭生产企业只能回收自身淘汰报废的设备,难以通过其他方式获取再制造原料,无法满足生产和市场的需求[6]。随着整个矿采行业结构转型和改革,相关再制造企业存在严重的现代化管理方面投入不足,关键技术创新研发滞后等问题,导致我国矿山机械再制造企业的竞争力有限,经济利益不高。另外,国外如卡特彼勒公司等大型企业在国内市场的扩张发展,一定程度上加剧了对国内矿山机械再制造行业的冲击[7]。

参考文献

[1] 崔松华. 矿山机械再制造的现状分析[J]. 科技风,2016,16:135.

[2] 李顺. 再制造产品在矿山上的应用前景[J]. 内燃机与配件,2020,7:260-261.

[3] 熊威. 国外再制造产业发展经验与启示[J]. 中国工业评论,2017,Z1:2-3.

[4] 中国煤炭工业协会. 2022煤炭行业发展年度报告[R/OL]. [2023-03-28](2023-03-28). http://www.coalchina.org.cn/index.php?m=content&c=index&a=show&catid=9&id=146684.

[5] 宋岩. 我国自主研发石油废旧油管再制造技术取得突破[N/OL]. (2014-5-24)[2022-7-15]. http://www.gov.cn/xinwen/2014-05/24/content_2686413.htm.

[6] 张涌. 矿山设备再制造产业存在问题和解决措施初探[J]. 世界有色金属,2017,2:116-117.

[7] 张少朋. 浅谈我国矿山机械再制造的现状[J]. 科技风,2017,3:85.

[8] 史兆伟. 矿山机械制造涉及技术相关问题研讨[J]. 现代制造技术与装备,2019,5:69,72.

[9] 吴鹏冲,张凯. 矿山机械的制造技术与工艺特征解析[J]. 山东工业技术,2016,11:48.

第5篇 再制造产业发展前景篇

我国再制造产值从2005年的不足0.5亿元,发展到2010年的25亿元,再到2015年的500亿元,并有望在"十四五"期间达到2000亿元,实现了跨越式突破。总体来看,中央联合地方集中力量建设再制造产业示范基地、集聚区的发展模式,培养的一批优秀再制造企业牵引带动了我国再制造产业的快速发展。随着再制造产业的高质量发展,以及国际化再制造产业模式建设的积极推动,未来再制造产业有望在多个领域实现突破,发展前景广阔。

第10章 我国再制造产业示范基地和产业集聚区建设

10.1 再制造产业示范基地和产业集聚区建设历程

纵观世界各地的再制造产业,集聚化是再制造产业发展的一种必然趋势,在世界各地再制造产业发展中都出现过,如在美国、墨西哥边境,欧洲中东部,英国伯明翰周边地区都形成了汽车零部件再制造产业相对集中的区域[1],而产业园区则是产业集聚化发展的形态体现和产业规模化建设的先导力量。我国的再制造同样形成了以试点单位为牵引,以产业集聚区和示范基地为推动力的点面结合发展模式,打造了连接产业前端、中端和后端的整套产业链和服务体系,贯彻落实再制造产业高质量发展和产业化规模化建设(图 10-1)。

2009 年,工信部印发了《机电产品再制造试点单位名单(第一批)》,湖南浏阳制造产业基地(后纳入长沙国家再制造产业示范基地)和重庆市九龙工业园区(已主动放弃)成为首批再制造产业集聚区,开启了再制造产业集聚区建设模式[2]。

近年来,在国家政策的有力支持和引导下,我国再制造产业获得了持续稳定的发展。目前,工信部确定的国家再制造产业示范园(或集聚区)有 3 家,国家发改委批复的国家再制造产业示范基地有 4 家,华东和中南地区的再制造产能处于全国领先地位。2013 年,张家港国家再制造产业示范基地和长沙(浏阳、宁乡)国家再制造产业示范基地获国家发改委批复,成为首批国家级再制造产

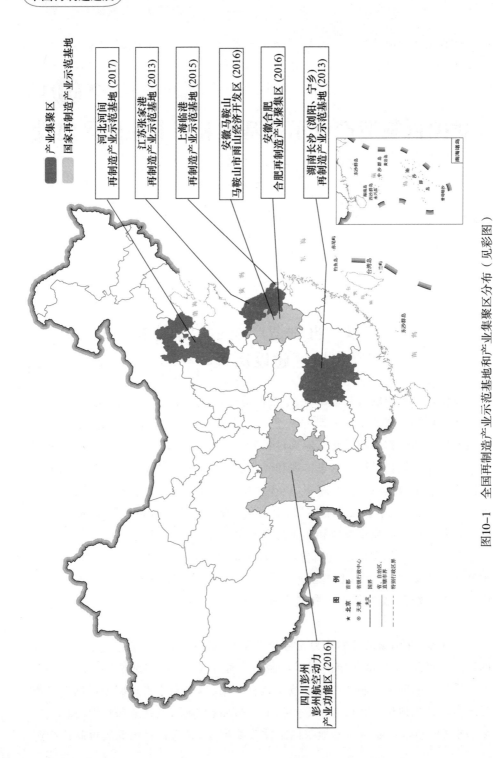

图10-1 全国再制造产业示范基地和产业集聚区分布（见彩图）

示范基地[2]。2015年,上海临港再制造产业示范基地的筹建通过审批。2016年,工信部印发了《机电产品再制造试点单位名单(第二批)》,确定了彭州航空动力产业功能区、马鞍山市雨山经济开发区、合肥再制造产业集聚区3个再制造产业集聚区[2]。2017年,河间市京津冀国家再制造产业示范基地项目建设正式启动[2]。

2021年7月,国家发改委发布的《"十四五"循环经济发展规划》进一步提出要引导形成10个左右再制造产业集聚区以壮大再制造产业规模,促进再制造产业高质量发展。因此,坚持建设再制造产业集聚区将成为我国未来推动再制造产业发展的主要模式。

10.2 再制造产业示范基地和集聚区概况

10.2.1 长沙(浏阳、宁乡)国家再制造产业示范基地

湖南省作为我国中部地区迅速崛起的工业强省,依托三一重工股份有限公司、中联重科股份有限公司等工程机械龙头企业,2009年工信部将湖南浏阳制造产业基地确定为机电产品再制造产业集聚区,依托工程机械和汽车零部件再制造,2011年基地再制造产值达22亿元。2013年,长沙(浏阳、宁乡)再制造产业示范基地成功获国家发改委批复,依托浏阳再制造专区着力发展工程机械和汽车零部件再制造产业,以及宁乡再制造专区着力发展机床零部件和医药设备零部件再制造产业,基地2015年再制造产值达40亿元。2019年11月,湖南省发改委、省科技厅、省工信厅、省财政厅及省商务厅5部联合发文,认定浏阳高新区为湖南省(浏阳)智能再制造特色产业园[3]。

10.2.2 上海临港再制造产业示范基地

2012年,工信部批复上海临港产业区建设国家机电产品再制造产业示范园。2015年,上海临港再制造产业基地通过国家发改委的评审,成为第三个再制造国家示范基地。临港产业区规划面积241平方千米,地理位置优越,紧邻洋山保税港区,拥有国际公共口岸码头,交通物流非常便捷。以中船集团、中国商用飞机公司、中航工业集团、上海电气、上海汽车、卡特彼勒、西门子、沃尔沃等一批国内外大型龙头企业为核心,上海临港产业区已经形成了新能源装备、汽车整

车及零部件、船舶关键件、海洋工程、工程机械、航空发动机等重大装备研制基地,2012年总产值超过500亿元。上海市经济和信息化委员会积极会同相关部门在政策试点、项目建设、人才引进、公共服务平台等方面给予积极支持,力争把临港地区打造成全国领先的再制造产业集聚区,逐步形成"企业集群、产业集聚"发展态势。园区正在建设再制造产品与旧件检测认证平台、技术研发中心、人才实训基地、集中清洗与固危废处理中心、信息数据中心、展示中心、营销服务中心、创业创新孵化中心等公共服务平台[2]。临港再制造产业示范基地的建设长期以来都是上海市政府发展规划的重点内容之一。进入"十四五"时期上海市政府更是要将临港再制造产业示范基地打造成提升上海国际贸易中心能级的有力抓手,推进上海产业生态聚合发展的综合服务平台以及加快建设上海市战略性新兴产业和先导产业发展的核心空间布局区域[4-6]。

10.2.3　张家港国家再制造产业示范基地

张家港国家再制造产业示范基地是国家发改委2013年批准建立的全国首批"国家再制造产业示范基地"之一。它通过公共服务平台、融资平台、信息平台逐步形成了以逆向物流和回收体系、公共服务保障体系以及拆解加工再制造体系为核心的3大再制造示范体系。基地不仅拥有为再制造企业提供产品检测和技术服务的国家级再制造产品检测检验中心,还设有再制造产业研究院,为国家再制造产业在标准体系研究、再制造专用技术研发和产业化应用等方面提供专业技术支持[2]。基地以汽车零部件再制造为核心,同时开发冶金、工程机械再制造,机床、磨具及切削工具再制造,电子办公设备再制造以及再制造设备生产5大再制造产品[7]。2015年,张家港清研再制造产业研究院正式揭牌,张家港清研首创再制造产业投资有限公司同时揭牌,再制造产业投资基金、张家港清研再制造检测中心、再制造研究院与重庆理工大学等合作开展再制造技术研发工作、再制造教育培训平台4个项目签约[8]。2020年4月,张家港再制造产业示范基地通过国家园区循环化改造示范试点工作验收,进一步提升了基地的绿色低碳循环发展水平,实现了基地对能源、水、土地资源的有效利用,大幅降低了二氧化碳、固体废物、废水等污染物的排放[9]。

10.2.4　彭州航空动力产业功能区

彭州航空动力产业功能区成立于2013年,航空产业和增材制造产业是功能区的核心发展方向。2016年,工信部确定彭州航空动力产业功能区为机电产品再制造产业集聚区。依托 5719 工厂在军用航空动力再制造技术的优势,结合地方企业的科技资源、品牌影响力和产业基础,由军用航天零部件再制造向地面燃气轮机等民用领域延伸,实现了军用、民用、通用航空发动机再制造军民融合发展新模式[10]。功能区计划围绕航空发动机零部件再制造行业打造国际一流航空发动机维修基地,并依托航空发动机再制造产业,延伸发展废旧电子电器产品、汽车发动机等领域的再制造市场[11]。

10.2.5 马鞍山市雨山经济开发区

马鞍山市雨山经济开发区于 2002 年建立,自建园以来再制造产业始终是园区的 3 大主导产业之一。截至 2015 年末,园区再制造产业重点项目 26 个,项目总投资约 100 亿元,年产值近 45 亿元[12]。2016 年,工信部正式确定安徽省马鞍山市雨山经济开发区为机电产品再制造产业集聚区,汇集了以安徽天一重工股份有限公司、安徽威龙再制造科技股份有限公司为代表的一批优秀再制造企业,产品涉及冶金装备、工程机械、矿山机械、汽车零部件等多个种类。"十四五"期间,马鞍山市对产业发展进行空间布局,力争将雨山经济开发区打造成产业发展核心区,并依托再制造企业优势扩大雨山区节能环保、高端智能再制造产业集群[13]。

10.2.6 合肥再制造产业集聚区

2012 年,合肥政府提出打造再制造产业集聚区模式,加速带动再制造产业发展的理念。2016 年,工信部确定合肥再制造产业集聚区为机电产品再制造产业集聚区,成为安徽省除了马鞍山再制造产业集聚区外的第二个产业集聚区。合肥再制造集聚区汇集了合肥及周边地区的多家再制造企业,涉及工程机械、发动机、机床、冶金等多个领域[2]。集聚区内企业率先与国际再制造市场接轨,产品远销海外,并赴欧洲参展。2016 年 1 月,安徽合力股份有限公司叉车再制造与基础配套件生产建设项目启动,每年再制造产能达 5000 台;2016 年 11 月,合肥再制造产业集聚区完成了全国首台使用国产主轴承的再制造盾构机,填补了主轴承再制造的空白,极大地提升了我国盾构再制造的自主能力,也标志着合肥再制造集聚区建设取得阶段性成果[14]。

10.2.7 河间市京津冀国家再制造产业示范基地

2017 年 3 月,河间市京津冀国家再制造产业示范基地项目建设经国家发改委批准正式启动,广州欧瑞德汽车发动机再制造、河北物流集团、手拉手汽配再制造旧件交易平台等6个项目成为首批入驻项目[15]。基地是华北地区唯一的再制造国家级示范基地和北京高新技术成果转化基地,涉及再制造供应链、再制造拆解和清洗、再制造检测和修复以及售后服务等系统性服务。基地除了强化其主导再制造行业——汽车零部件再制造,和其特色再制造行业——石油钻采装备的再制造外,还将计算机服务器纳入再制造重点行业,并将业务延伸至工业机器人、汽车控制单元等智能机电装备再制造行业领域,加速推进了基地综合性智能化再制造的发展建设[16]。

参考文献

[1] 中国汽车工业协会. 再制造产业示范基地近年将增至四个[EB/OL]. (2015-03-25)[2022-07-15]. http://www.remanchina.org/news_view.asp?id=113.

[2] 中国物资再生协会再制造分会. 盘点:国家再制造示范基地与产业集聚区[EB/OL]. (2017-05-02)[2022-07-15]. http://chinareman.org.cn/view.php?id=431.

[3] 湖南开发区网. 浏阳高新区获评湖南省智能再制造特色产业园[EB/OL]. (2019-11-19)[2022-07-15]. https://www.hnkfq.com.cn/qywh/info_itemid_1498.html.

[4] 上海市人民政府. 上海市人民政府关于印发《"十四五"时期提升上海国际贸易中心能级规划》的通知[EB/OL]. (2021-04-29)[2022-07-15]. https://www.shanghai.gov.cn/nw12344/20210429/c41502e706a94d15a8b95977b307d107.html.

[5] 上海市经济和信息化委员会,中国(上海市)自由贸易试验区临港片区管委会,上海市发展和改革委员会,等. 关于《聚焦临港核心区打造上海"全球动力之城"实施方案》的通知[EB/OL]. (2022-06-28)[2022-07-15]. https://app.sheitc.sh.gov.cn/cyfz/692818.htm.

[6] 上海市人民政府办公厅. 上海市人民政府办公厅关于印发《上海市战略性新兴产业和先导产业发展"十四五"规划》的通知[EB/OL]. (2021-07-21)[2022-07-15]. https://www.shanghai.gov.cn/nw12344/20210721/

[7] 苏州市发展和改革委员会. 张家港再制造产业示范基地国家园区循环化改造通过省发改委组织的终期验收[EB/OL]. (2020-04-24)[2022-07-15]. http://fg.suzhou.gov.cn/szfgw/gzdt/202004/1c8191af357845258224d07f0b380dfd.shtml.

[8] 张家港国家再制造产业示范基地. 三大再制造示范体系[EB/OL]. (2017-02-07)[2022-07-15]. http://zzzcy.jsxhjj.com/index.php/Home/Index/news/art_id/347/art_column/60.html.

[9] 张家港房产网. 张家港清研再制造产业研究院正式揭牌[EB/OL]. (2015-01-22)[2022-07-15]. http://www.zjgzf.cn/news/zjgfc_23315.html.

[10] 彭州市人民政府门户网站. 彭州市物流专项规划(2018-2022年)[EB/OL]. (2020-04-29)[2022-07-15]. http://www.pengzhou.gov.cn/pzs/c143219/2021-04/29/content_cf4f1e4c7a6d4447b7ab2fc30468bbec.shtml.

[11] 彭州市人民政府门户网站. 彭州市工业发展"十三五"规划纲要[EB/OL]. (2019-02-13)[2022-07-15]. http://www.pengzhou.gov.cn/pzs/c143219/2019-02/13/content_5a6b5b6c8e35442980082d22f810c1ea.shtml.

[12] 中国高新技术产业经济研究院有限公司. 马鞍山首个"国字号"再制造产业集聚区诞生[EB/OL]. (2016-02-26)[2022-07-15]. http://www.achie.org/news/jkq/201602262347.html.

[13] 马鞍山市人民政府. 马鞍山市人民政府关于印发马鞍山市"十四五"工业和信息化产业发展规划的通知[EB/OL]. (2022-02-25)[2022-07-15]. https://www.mas.gov.cn/xxgk/openness/detail/content/627c5c0588668894328b4578.html#_Toc91060017.

[14] 中安在线. 合肥市再制造产业扬帆起航[EB/OL]. (2017-03-15)[2022-07-15]. https://www.sohu.com/a/128908783_114967.

[15] 河北省工业和信息化厅. 京津冀唯一！河间国家再制造产业示范基地建设正式启动[EB/OL]. (2017-03-31)[2022-07-15]. http://gxt.hebei.gov.cn/hbgyhxxht/xwzx32/dfgz28/570482aa/index.html.

[16] 河北新闻网. 河间再制造产业向再"智造"延伸[EB/OL]. (2022-06-13)[2022-07-15]. http://m.hebnews.cn/hebei/2022-06/13/content_8812463.htm.

第 11 章 再制造产业发展前沿动向

11.1 推动数字化、智能化再制造发展

近年来,随着"中国制造 2025"计划的有序推进,我国在信息通信等领域的发展不断取得突破,产业体系和市场规模已达到世界领先水平,以大数据、云计算、物联网等核心技术为基础的工业变革正在深入各行各业。我国也出台了一系列政策措施鼓励智能化再制造建设,引导我国再制造进一步向"技术密集型"产业转变。

作为制造业的延伸,再制造技术的创新和突破在很大程度上依托制造业的革新。在"中国制造 2025"背景下施行再制造产业的数字化、智能化升级是推动再制造高质量发展的必然趋势,也符合我国"十四五"期间再制造的发展战略方针。从目前我国各行各业与大数据、人工智能、物联网等新兴技术融合发展所取得的成果来看,探索产业的潜在附加值,扩展产品与服务边际收益,是实现再制造产业突破的一种有效途径。技术创新能推动产业发展,而市场需求的增长又推动了技术的进步。因此为打破传统再制造行业的固有运营模式,取得实质性突破,挖掘产业深层价值,实现产业纵深发展,就不能忽略与当前新兴技术的融合创新。新时期我国再制造产业应以《"十四五"循环经济发展规划》和《绿色工业发展规划》为指导纲要,延续《高端智能再制造行动计划(2018—2020 年)》战略思想,贯彻落实高端再制造产业的发展路线规划。

全球数字化、智能化再制造的研究尚处于初级探索阶段。传统再制造由于

回收渠道、评估方法及加工技术的限制,难以及时调控市场供需平衡,且无法准确预测回收毛坯质量,对再制造企业的发展产生了极大的阻碍。信息化和智能化技术可以帮助再制造企业实时调取产品数据、按需订制零部件、缩减供应链运营成本,使再制造流程更加高效,为客户提供远程协助以及产品定制售后保障可增强用户"粘性"。然而,再制造企业的智能化转型不可避免地需要大量的资金投入并承担高额的行业风险,如果没有充分了解用户需求或错误分析市场对智能化再制造产品和服务的认可度,会导致企业面临极大的财务风险,使企业再制造转型陷入僵局。因此,充分掌握数字化、智能化再制造的适用场景,以及智能化再制造产品的特性,对推广智能化再制造可起到事半功倍的效果(图11-1)。

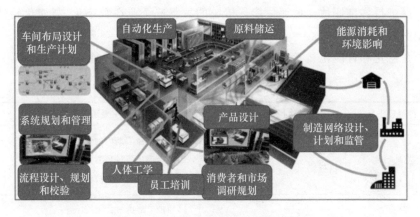

图11-1 智能化再制造场景模拟[1]

信息化和智能化技术与再制造技术的融合发展蕴含着巨大的产业价值,主要体现在以下几个领域:产品使用状态追踪、毛坯回收、毛坯的评估和检测、动态决策和生产流程安排、供应链管理优化、潜在用户挖掘等[2]。但是,智能化再制造的发展仍充满困难和挑战,了解智能再制造的生产流程和产品特性以及智能再制造商业模式的运作条件是企业将发展重心转向智能化再制造的前提[3-4]:

(1)在毛坯回收方面,物联网、射频识别技术和大数据分析可以对毛坯进行远程定位和状况评估,从而优化供需匹配,实现以质量为导向的毛坯收集方案。

(2)在拆解、清洗和检测方面,利用协作机器人可实现半自动化毛坯拆解;通过增强现实和虚拟现实技术指导毛坯的质量评估。协作机器人、增强现实和虚拟现实技术能极大地减少此类工作中对工人技术熟练度的依赖以及产品后处理的不确定性,实现更精准的回收成本预测。

(3)在修复和后处理方面,云计算、数据驱动仿真、表面工程和增材制造、射频识别、物联网等技术可以协同合作实现实时调度,优化生产计划和库存管理,并大幅降低后处理过程中的不确定性。

（4）在转售、再分配和退货方面,物联网、射频识别技术可用来进行部件剩余使用寿命的评估;云计算和大数据分析可以方便地搜索和排查潜在的消费者并进行信息共享,明确目标市场,避免与新造产品形成恶性竞争。

向数字化再制造的转型发展,需要对企业的初始投资、适应性、灵活性、定制化和自动化水平等方面进行深入分析,这也将有助于再制造企业衡量投资智能再制造的预期和风险;还需要考虑社会和环境因素,特别是确保消费者对产品数字化智能化服务的认可程度,同时确保环境效益与经济利益之间的平衡;以及需要对新旧系统的整合、标准更新、信息共享、数据传输安全问题、商业影响等一系列问题进行详细评估。该评估能使传统的再制造企业在数字化、智能化转型过程中平衡机遇和风险。

信息化和智能化技术在再制造中的应用如表 11-1 所列。

表 11-1 信息化和智能化技术在再制造中的应用

再制造环节	信息化和智能化技术	主要适用场景
毛坯回收	物联网、射频识别技术、大数据分析	(1)产品寿命周期内的状况监控; (2)回收毛坯质量预测; (3)改善和优化回收流程决策
拆解、清洗、检测	增强现实、虚拟现实、射频识别技术、物联网、协作机器人	(1)协助毛坯拆解; (2)缩短拆解前置时间; (3)提升产品使用寿命预测效率; (4)实现产品元件定制化诊断; (5)提供额外的产品修复计划
修复、后处理	射频识别、物联网、数据驱动仿真、网络物理系统、表面工程和增材制造技术	(1)增强产品控制,优化库存管理; (2)辅助决策评估; (3)支持动态调度; (4)废旧零部件修复; (5)实现复杂结构及定制产品制作
商业模式	物联网、射频识别技术、大数据分析、云计算	(1)分析潜在用户; (2)提升品牌形象; (3)促进可持续发展; (4)创新型产品售后方案; (5)监测产品的使用情况

11.2 加速探索动力电池再制造技术

我国新能源汽车的销量近年来稳步攀升,发展势头良好,据中国汽车工业协会统计,2021年新能源汽车销量达352.1万辆,同比增长160%,市场渗透率首次超过10%,达到13.4%[5](图11-2)。与传统汽车相比,新能源汽车在环境保护方面更具优势,有利于推进我国实现"双碳"目标,各级政府部门非常重视新能源汽车产业发展,出台了诸多政策以激励消费者购买新能源汽车。

图11-2 我国新能源汽车销量及市场渗透率

以纯电车为代表的新能源汽车依靠蓄电池为汽车提供动力,完全脱离了传统汽车的发动机动力系统。因此,汽车零部件再制造技术随着新能源汽车市场渗透率的进一步攀升也将发生重大变革。自2020年我国进入动力电池规模化退役阶段,报废锂电池高达50万吨,至2023年可能超过110万吨[6-7]。近10年我国电动车销量稳步上升且呈现高速增长的趋势,废旧动力电池如不能妥善处理,将对环境造成极大危害,给经济发展带来沉重负担。由于生产动力电池所需的锂、钴、镍等稀有金属对外国依赖程度极大,因此对它们进行回收再利用可有效缓解资源短缺的压力。《"十四五"循环经济发展规划》将动力电池的回收再利用确定为近期的重点工程之一,而作为回收再利用的关键环节,动力电池再制造技术已成为重点研发领域(图11-3)。

对新能源汽车动力电池的再利用模式可分为梯次利用和再制造两大类,而

图 11-3 全球部分动力电池回收企业[8]

动力电池再制造又主要包括火法回收、湿法回收和物理回收 3 种工艺。

(1) 火法回收又称高温热解法回收,是将经过物理粉碎等初步分离处理的动力电池材料进行高温焙烧分解,将有机黏合剂去除,从而分离锂电池的组成材料。此方法虽然工艺简单,效率高,工时短,获取电池组成材料较纯,但处理过程中易产生有害气体和物质,对环境影响较大,综合处理成本较高。

(2) 湿法回收是以酸碱性溶液为溶解媒介,将金属离子从电极材料中转移到浸出液中,再通过离子交换、沉淀、吸附等手段,将金属离子以盐、氧化物等形式提取出来。湿法回收技术可达到较高的金属回收率,技术应用也相对成熟。例如,格林美动力电池材料再制造中心利用湿法技术达到年产能 13 万吨的水平,并在荆门、泰兴、无锡、宁德等地设置了电池材料再制造中心。

(3) 物理回收则是通过自动化拆解将废旧电池通过放电、拆解得到的电池内部成分进行销售或回收处理。拆解得到的电芯经过精细粉碎和分类等,得到正极粉和负极粉等有价值的产物,再通过将自动化分解中有价值的产物通过成分调整、材料修复等工艺对电池进行再制造。虽然物理化回收与其他形式的再利用相比,对环境污染程度小,但对回收的动力电池状况要求较为苛刻。研究表明,通常一个电动车的电池组往往会因为个别电池功率的大幅下降而使整体受到影响,当这种情况出现时将整个电池组丢弃显然是对能源和资源的浪费。因此,物理化再制造技术主要手段是将电池组中低于 80% 功率的电池用新电池替换以维持整个电池组正常的工作性能。而当整个电池组的功率都低于 80% 时,此技术就不再适用。

我国对新能源汽车动力电池的回收再利用以及再制造技术的发展虽然仍处于起步阶段,但发展势头迅猛。2018 年 9 月、2020 年 12 月和 2011 年 11 月,工信部分别公布了 3 批符合"新能源汽车废旧动力蓄电池综合利用行业规范条件"的电池回收企业,共 47 家,截至 2021 年 7 月,新能源动力电池回收服务网点数量达到了 14000 多个。2020 年我国动力电池回收相关企业新增 2579 家,2021 年上半年新注册企业更是达到 9435 家,同比增长 2611%。虽然近年来我国在动力电池回收方面出台了一系列政策措施,但是整体政策体系尚需完善,产业链和运营机制仍需健全,技术规范和国家标准亟待落实,尤其是在相关企业数量大幅增长的情况下,市场的规范化管理将直接影响我国动力电池再制造产业的发展质量。因此,在研发关键技术、明确规范标准的同时还需加紧出台配套的企业管理政策。表 11-2 所列是近年我国动力电池回收行业相关政策。

表 11-2 近年我国动力电池回收行业相关政策

日期	部门	政策	解读
2018 年 2 月	工信部等	《新能源汽车动力蓄电池回收利用管理暂行办法》	落实生产者责任延伸制度,汽车生产企业承担动力蓄电池回收的主体责任,相关企业在动力蓄电池回收利用各环节履行相应责任,保障动力蓄电池的有效利用和环保处置
2018 年 3 月	工信部等	《关于组织开展新能源汽车动力蓄电池回收利用试点工作的通知》	加强政府引导,推动汽车生产等相关企业落实动力蓄电池回收利用责任,构建回收利用体系和全生命周期监管机制。加强与试点地区和企业的经验交流与合作,促进形成跨区域、跨行业的协作机制,确保动力蓄电池高效回收利用和无害化处置

续表

日期	部门	政策	解读
2018年7月	全国汽车标准化技术委员会	《车用动力电池回收利用材料回收要求》(征求意见稿)	动力蓄电池单体物理回收过程,铜、铁、铝元素的综合回收率应不低于90%。锂离子动力蓄电池中镍、钴、锰元素的综合回收率应不低于98%,锂元素回收率应不低于85%,其他主要元素回收率应不低于90%;镍氢动力蓄电池材料中镍元素的回收率应不低于98%,稀土等其他元素回收率应不低于95%
2019年11月	工信部	《新能源汽车废旧动力蓄电池综合利用行业公告管理暂行办法》	加强新能源汽车废旧动力蓄电池综合利用行业管理,提高废旧动力蓄电池综合利用水平
2020年11月	国务院	《新能源汽车产业发展规划(2021—2035年)》	推动动力电池全价值链发展,建设蓄电池高效循环利用体系;加快推动动力电池回收利用立法等规范
2021年8月	工信部等	《新能源汽车动力蓄电池梯次利用管理办法》	鼓励梯次利用企业与新能源汽车生产、动力蓄电池生产及报废机动车回收拆解等企业协议合作,加强信息共享,利用已有回收渠道,高效回收废旧动力蓄电池用于梯次利用。鼓励动力蓄电池生产企业参与废旧动力蓄电池回收及梯次利用

11.3 开发自贸区保税再制造产业新模式

11.3.1 我国自贸区保税维修和再制造战略部署

为了贯彻"双循环"发展模式,推动我国再制造产业的国际化发展,实现外贸突破,建设再制造新业态、新模式,国家做出了一系列重要部署。

2018年10月,商务部对《机电产品进口管理办法》进行了修订,提出如《禁止出口货物目录》的旧机电产品,在符合环境保护、安全生产的条件下,经商务部同意,可以进境维修(含再制造)并复出境。

2019年1月,国务院发布了《关于促进综合保税区高水平开放高质量发展的若干意见》,指出允许综合保税区内企业开展高技术含量、高附加值的航空航天、工程机械、数控机床等再制造业务。同年10月,国务院常务会议指出要加快保税维修再制造先行先试工作。

2020年12月,《鼓励外商投资产业目录(2020年版)》第三章制造业中指出,国家鼓励外商投资机床、工程机械、铁路机车装备等机械设备,汽车零部件、医用成像设备、高端医疗器械及关键部件,复印机等办公设备的再制造。

2021年,国家层面先后出台《关于推进自由贸易试验区贸易投资便利化改革创新若干措施的通知》和《关于加快发展外贸新业态新模式的意见》,明确提出要提升保税维修业务的发展水平,支持自贸试验区内企业开展"两头在外"的保税维修业务。

11.3.2 自贸区概况

随着我国工业和经济的发展,再制造产业运营模式也发生了变革,尤其是近几年我国对再制造企业和产品的进出口贸易规范也进行了完善,逐步形成了自贸区保税维修和再制造的经营模式。目前我国21家自贸区中有11家计划开展再制造相关工作(图11-4、表11-3)。

1. 上海自贸区

上海自贸试验区是我国最早设立的自贸区试点,于2013年9月挂牌成立,面积28.78平方千米,涵盖上海市外高桥保税区、外高桥保税物流园区、洋山保税港区和上海浦东机场综合保税区4个海关特殊监管区域。2014年12月28日,全国人大常务委员会授权国务院扩展上海自由贸易试验区区域,将面积扩展到120.72平方千米,扩展区包括陆家嘴金融片区、金桥开发片区、张江高科技片区。上海自贸区以制度创新为引领,将临港、金桥、康桥等地区作为重点发展区域,聚焦"旧件回收与拆解""再制造生产""再制造服务""再制造行业标准"等产业链的不同环节,在汽车零部件再制造、工程机械再制造、电子信息产品再制造等不同领域进行探索。同时,将自贸区部分服务业和先进制造业扩大至整个浦东新区,特别是依托临港产业区紧邻自贸区的天然优势,通过构建更加开放的再制造产业政策环境,探索了一条全国可借鉴的再制造产业发展模式。2019年8月,中国(上海)自由贸易试验区临港新片区正式挂牌成立,致力于建设面向"一带一路"沿线国家和地区的维修和绿色再制造中心,以及绿色认证和评级体系,支持在综合保税区开展数控机床、工程设备等产品入境维修和再制造,进一步提升高端智能再制造产业的国际竞争力[9-10]。

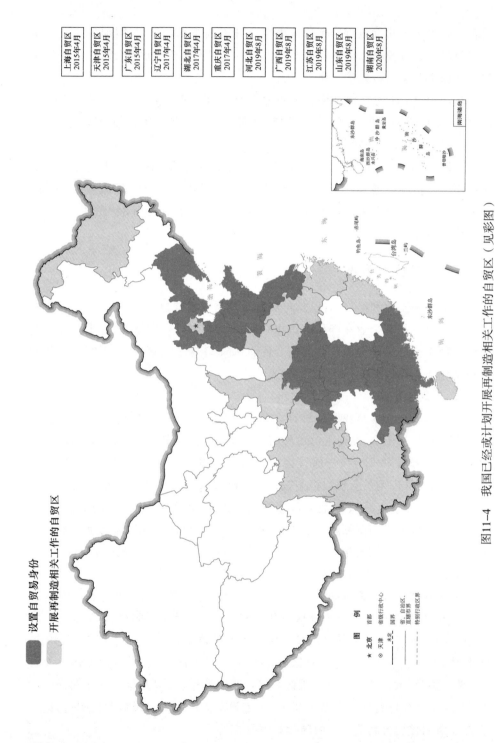

图11-4 我国已经或计划开展再制造相关工作的自贸区（见彩图）

表 11-3 已经或计划开展再制造相关工作的自贸区

序号	名称	成立时间	业务范畴
1	上海自贸区	2013年9月	建设面向"一带一路"沿线国家和地区的维修和绿色再制造中心,建立绿色认证和评级体系,支持在综合保税区开展数控机床、工程设备等产品入境维修和再制造,提升高端智能再制造产业国际竞争力
2	天津自贸区	2015年4月	开展境内外高技术、高附加值产品的维修业务试点。探索开展境外高技术、高附加值产品的再制造业务试点。业务包含航天航空、船舶、工程机械、海工平台、通信设备、集装箱、安检设备等方面
3	广东自贸区	2015年4月	支持试点开展高技术含量、高附加值项目境内外检测维修和再制造业务。在风险可控前提下,积极探索开展数控机床、工程设备、通信设备等进口再制造。创新维修监管模式,支持开展航空维修、外籍油轮船舶维修等业务
4	辽宁自贸区	2017年4月	鼓励自贸试验区内企业开展系统集成、设备租赁、提供解决方案、再制造、检验检测、远程咨询等增值服务
5	湖北自贸区	2017年4月	探索开展境外高技术、高附加值产品的再制造业务试点
6	重庆自贸区	2017年4月	对入境维修复出口、入境再制造机电零件免于实施装运前检验
7	河北自贸区	2019年8月	支持建设国家进口高端装备再制造产业示范园区。试点数控机床、石油钻采产品等高附加值大型成套设备及关键零部件进口再制造
8	广西自贸区	2019年8月	在综合保税区内开展高技术、高附加值、符合环保要求的保税检测和全球维修业务,试点通信设备等进口再制造
9	江苏自贸区	2019年8月	在风险可控、依法依规的前提下,积极开展高技术、高附加值、符合环保要求的旧机电产品维修和再制造,探索开展高端装备绿色再制造试点
10	山东自贸区	2019年8月	积极开展飞机零部件循环再制造。对海关特殊监管区域外有条件企业开展高附加值、高技术含量、符合环保要求的"两头在外"检测、维修和再制造业实行保税监管
11	湖南自贸区	2020年8月	在自贸试验区的综合保税区内积极开展"两头在外"的高技术含量、高附加值、符合环保要求的工程机械、通信设备、轨道交通装备、航空等保税维修和进口再制造

2. 天津自贸区

天津自贸试验区于2015年设立。2021年,仅天津航空保税维修再制造相关项目产值已达到近13亿元。2021年10月,中国(天津)自由贸易试验区机场片区维修再制造产业联盟正式成立。天津自贸试验区机场片区维修再制造产业联盟立足自贸试验区,以创新为导向,致力于打造交流、合作、发展的互动平台,营造有利的政策环境,促进联盟成员间产业互补、项目互动、资源共享、创新发展,推动维修再制造产业做大做强。空客(天津)总装有限公司、庞巴迪(天津)航空服务有限公司、古德里奇航空结构服务(中国)有限公司等14家企业负责人作为联盟初创成员单位代表参加了成立仪式。市商务局、天津自贸试验区管委会、滨海新区商促局和天津港保税区管委会相关部门出席了成立仪式。仪式上表决通过了《中国(天津)自由贸易试验区机场片区维修再制造产业联盟章程》,选举天津海特飞机工程有限公司为联盟理事长单位,深蓝(天津)智能制造有限责任公司为秘书长单位。税区高度重视维修再制造产业的发展,在市商务局、天津海关、天津自贸试验区管委会、新区商促局和新区环保局的大力支持下,天津机场片区维修再制造产业发展取得了一定的成绩,目前已有9家企业获批开展保税维修再制造业务,创造了多项第一,形成了协同紧密的产业链,产品涵盖飞机、船舶、海工装备、工程机械和安检设备等多个领域[11-12]。

3. 广东自贸区

广东自贸试验区于2015年4月挂牌,实施范围116.2平方千米,涵盖3个片区:广州南沙新区片区60平方千米,深圳前海蛇口片区28.2平方千米,珠海横琴新区片区28平方千米。2018年5月,国务院发布《进一步深化中国(广东)自由贸易试验区改革开放方案》,支持试点开展高技术含量、高附加值项目境内外检测维修和再制造业务。在风险可控的前提下,积极探索开展数控机床、工程设备、通信设备等进口再制造。创新维修监管模式,支持开展航空维修、外籍邮轮船舶维修等业务[13]。

4. 辽宁自贸区

辽宁自贸试验区于2017年4月挂牌,由大连、沈阳、营口3个片区组成。在贸易便利化方面,积极探索保税货物流转监管模式。着手制定再制造旧机电设备允许进口目录,在风险可控的前提下,试点数控机床、工程设备等进口再制造,打通高端设备回收和产品销售两头在外的运作模式;专项支持对自贸区内原存续企业已购建大型物资采用与新入区企业一致的退税政策。经过一年的发展,沈阳片区新注册用户突破1.5万户,在"1+3"政策基础上,出台重点产业扶持政策及实施细则,形成完整的产业政策体系;强化招商引资,推进项目落地;推进"金融岛"建设;形成先进制造、再制造、融资租赁等具体产业形态。2021年8月起,《中国(辽宁)自由贸易试验区大连片区(大连保税区)产业创新特区建设方案》正式发布并实施。将在大连片区的大窑湾区域附近建设先进装备制造产业园,规划面积2平方千米,重点发展汽车制造、智能装备、能源装备等产业,引进新能源汽车、智能网联汽车、智能机床、机器人、智能生产线、数字集装箱等高端装备及零部件项目。依托综合保税区,推动进口设备保税展示、交易、维修再制造等项目落地[14]。

5. 湖北自贸区

湖北自贸试验区于2017年4月挂牌,由武汉、襄阳、宜昌3个片区组成。2017年4月27日,湖北检验检疫局出台《湖北检验检疫局入境维修/再制造用途机电产品检验监管工作规定》,并制定了《入境维修/再制造用途机电产品企业办事指南》,探索入境维修/再制造用途机电产品创新检验监管工作。以自贸区内再制造试点企业康明斯(襄樊)机加工有限公司为例,作为一家以制造或维修再制造柴油发电机零部件为主业的中美合资企业,主要维修再制造的产品为曲轴、连杆、凸轮轴、缸体、缸盖、增压器和喷油器等柴油机零部件。维修再制造的旧货来源共有3个渠道。

(1)康明斯合资工厂,主要旧件来自东风康明斯和北汽福田康明斯两家合资工厂,旧件种类主要是缸体、缸盖、曲轴、连杆和凸轮轴等。

(2)康明斯渠道,又分为两部分。

国内康明斯:康明斯贸易有限公司、康明斯(中国)旧件回收中心、康明斯分公司,旧件种类主要是缸盖、增压器、喷油器等。

国外康明斯:康明斯全球旧件回收中心,旧件种类主要是增压器等。

(3)外部渠道,主要分为两部分。

外部客户返回的旧件:小松(中国)投资有限公司、沃尔沃(中国)投资有限公司;旧件种类主要是增压器、喷油器等。

从市场回收的商业旧件:旧件种类主要是缸体、缸盖、曲轴、连杆、凸轮轴等。

襄阳检验检疫局实施入境维修/再制造用途机电产品检验监管创新措施后的四个月内,康明斯公司共报检3批"旧柴油机增压器"开展入境维修/再制造业务,货值合计6.94万美元,合计节省6250美元费用,每批次减少30天的境外装运前检验时间,在企业减负增效,通关便利化上取得良好效果[15]。

6. 重庆自贸区

重庆自贸试验区于2017年4月挂牌,涵盖两江、西永、果园港3个片区,实施范围为119.97平方千米。在实行保税展示交易货物分时,简化检验检疫流程,推行"方便进出,严密防范质量安全风险"的检验检疫监管模式,探索内陆通关及口岸监管"空检通放"新模式,对入境维修复出口、入境再制造机电料件免于实施装运前检验。自贸区围绕"保税"新型贸易,发展保税维修业务,加快建成笔记本电脑产品全球维修中心,建设西部民航维修基地,开展飞机发动机及其他核心零部件等境内外高技术、高附加值产品维修和再制造业务[16-17]。

7. 河北自贸区

河北自贸试验区于2019年8月挂牌,实施范围119.97平方千米,涵盖4个片区。雄安片区33.23平方千米,正定片区33.29平方千米,曹妃甸片区33.48平方千米,大兴机场片区19.97平方千米。其中,曹妃甸片区重点发展国际大宗商品贸易、港航服务、能源储配、高端装备制造等产业,建设东北亚经济合作引领区、临港经济创新示范区。河北自贸区大力支持装备制造产业开放创新,包括建设国家进口高端装备再制造产业示范园区;试点数控机床、石油钻采产品等高附加值大型成套设备及关键零部件进口再制造;放宽高端装备制造产品售后维修进出口管理,适当延长售后维修设备和备件返厂期限等[18]。

8. 广西自贸区

广西自贸试验区于2019年8月挂牌,实施范围119.99平方千米,涵盖3个片区:南宁片区46.8平方千米,钦州港片区58.19平方千米,崇左片区15平方千米。其中,钦州港片区重点发展港航物流、国际贸易、绿色化工、新能源汽车关键零部件、电子信息、生物医药等产业,打造国际陆海贸易新通道门户港和向海经济集聚区。在自贸区建设方面,为了培育贸易新业态、新模式,在综合保税区内开展高技术、高附加值、符合环保要求的保税检测和全球维修业务,试点通信设备等进口再制造[19]。

9. 江苏自贸区

江苏自贸试验区于2019年8月挂牌,实施范围119.97平方千米,涵盖南京、苏州、连云港3个片区。为了推动服务贸易创新发展,自贸区积极协调有关部门向国家争取,支持片区根据发展需要,不断拓宽进境保税维修和再制造复出口业务产品范围。装备制造、石化、电子信息等产业也将逐步从加工生产环节向研发、营销、再制造等环节延伸[20]。

10. 山东自贸区

山东自贸试验区于2019年8月挂牌,实施范围119.98平方千米,涵盖3个片区:济南片区37.99平方千米,青岛片区52平方千米,烟台片区29.99平方千米。其中,烟台片区重点发展高端装备制造、新材料、新一代信息技术、节能环保、生物医药和生产性服务业,打造中韩贸易和投资合作先行区、海洋智能制造基地、国家科技成果和国际技术转移转化示范区。为了培育贸易新业态、新模式,优化贸易结构,自贸区对海关特殊监管区域外有条件企业开展高附加值、高技术含量、符合环保要求的"两头在外"检测、维修、再制造业态实行保税监管。在风险可控、依法依规前提下,积极开展飞机零部件的循环再制造[21]。

11. 湖南自贸区

湖南自贸试验区于2020年8月挂牌,自贸试验区的实施范围119.76平方千米,涵盖3个片区:长沙片区79.98平方千米,岳阳片区19.94平方千米,郴州片区19.84平方千米。其中,长沙片区重点对接"一带一路"建设,突出临空经济,重点发展高端装备制造、新一代信息技术、生物医药、电子商务、农业科技等产业,打造全球高端装备制造业基地、内陆地区高端现代服务业中心、中非经贸深度合作先行区和中部地区崛起增长极。在依法依规、风险可控前提下,在自贸试验区的综合保税区内积极开展"两头在外"的高技术含量、高附加值、符合环保要求的工程机械、通信设备、轨道交通装备、航空等保税维修和进口再制造。2021年2月,湖南省商务厅为了助推保税维修和再制造产业在自贸区聚集并形成规模发展,对长沙自贸片区进行了二手复印机再制造等项目的调研工作,提出了推动自贸区再制造发展的建议[22-23]。

参考文献

[1] MOURTZIS D, DOUKAS M, BERNIDAKI D. Simulation in manufacturing: review and challenges[J]. Procedia CIRP, 2014, 25: 213-229.

[2] ZHANG Y, REN S, LIU Y, et al. A framework for big data driven product lifecycle management[J]. Journal of Cleaner Production, 2017, 159: 229-240.

[3] KERIN M, PHAM D T. A review of emerging industry 4.0 technologies in remanufacturing[J]. Journal of Cleaner Production, 2019, 237: 117805.

[4] TEIXEIRA E L S, TJAHJONO B, BELTRAN M, et al. Demystifying the digital transition of remanufacturing: a systematic review of literature[J]. Computers in Industry, 2022, 134: 103567.

[5] 中国汽车工业协会行业信息部. 2021年汽车工业经济运行情况[EB/OL].

(2022 – 01 – 12)[2022 – 07 – 15]. http://www.caam.org.cn/chn/1/cate_148/con_5235337.html.

[6] 昝文宇,马北越,刘国强. 动力锂电池回收利用现状与展望[J]. 稀有金属与硬质合金,2020,48(5):5 – 9.

[7] 周和平. 市值超3000亿元,废旧电池回收"钱"景看好[J]. 中国石油和化工,2019(06):28.

[8] HARPER G,SOMMERVILLE R,KENDRICK E,et al. Recycling lithium – ion batteries from electric vehicles[J]. Nature,2019,575(7):75 – 86.

[9] 上海市人民政府. 中国(上海)自由贸易试验区[EB/OL]. [2022 – 07 – 15]. https://www.shanghai.gov.cn/nw39342/index.html.

[10] 上海市人民政府. 上海市人民政府关于印发《中国(上海)自由贸易试验区临港新片区发展"十四五"规划》的通知[EB/OL]. (2021 – 08 – 12)[2022 – 07 – 15]. https://www.shanghai.gov.cn/nw12344/20210812/bd6b7c5e895d42ac8885362bd0ae6e0c.html.

[11] 天津日报. 天津航空保税维修再制造政策"升级"去年相关项目产值近13亿[EB/OL]. (2022 – 05 – 16)[2022 – 07 – 15]. https://www.tjftz.gov.cn/contents/5992/353084.html.

[12] 天津港保税区. 天津自贸试验区机场片区维修再制造产业联盟成立[EB/OL]. (2021 – 10 – 25)[2022 – 07 – 15]. https://www.tjftz.gov.cn/contents/6302/343118.html.

[13] 国务院,2018.《进一步深化中国(广东)自由贸易试验区改革开放方案》(国发[2018]13号)[EB/OL]. (2018 – 05 – 04)[2022 – 07 – 15]. http://www.gov.cn/gongbao/content/2018/content_5296532.htm.

[14] 大连保税区管委会. 关于印发《中国(辽宁)自由贸易试验区大连片区(大连保税区)产业创新特区建设方案》的通知[EB/OL]. (2021 – 08017)[2022 – 07 – 15]. https://www.dlftz.gov.cn/policy/view_ff8080817d9787-dd017db27a6b600001.html#main.

[15] 襄阳片区. 入境维修/再制造用途机电产品创新检验监管模式[EB/OL]. [2022 – 07 – 15]. https://www.china – bftz.gov.cn/optDetail.html?id = 63175073EC4E239FE053090BA8C074FF.

[16] 中国(重庆)自由贸易试验区. 中国(重庆)自由贸易试验区总体方案[EB/OL]. (2017 – 03 – 24)[2022 – 07 – 15]. http://sww.cq.gov.cn/zymyq/

zjzmq/zmqztfa/202203/t20220324_10544965.html.

[17] 重庆市人民政府办公厅. 重庆市人民政府办公厅关于印发中国(重庆)自由贸易试验区"十四五"规划(2021—2025年)的通知[EB/OL]. (2022-05-15)[2022-7-15]. http://www.cq.gov.cn/zwgk/zfxxgkml/szfwj/qtgw/202205/t20220520_10738390.html.

[18] 河北日报. 四个片区,河北自贸区揭开面纱——《中国(河北)自由贸易试验区总体方案》解读[EB/OL]. (2019-08-27)[2022-7-15]. http://scjg.hebei.gov.cn/info/27111.

[19] 广西壮族自治区人民代表大会常务委员会. 中国广西自由贸易试验区条例[EB/OL]. (2020-09-23)[2022-07-15]. https://www.gxrd.gov.cn/html/art169744.html.

[20] 江苏省人民政府. 省政府印发关于推进江苏自贸试验区贸易投资便利化改革创新若干措施的通知[EB/OL]. (2022-03-20)[2022-07-15]. https://www.jiangsu.gov.cn/art/2022/3/21/art_46143_10384810.html.

[21] 山东省商务厅. 中国(山东)自由贸易试验区总体方案[EB/OL]. (2019-08-27)[2022-7-15]. http://commerce.shandong.gov.cn/ftz/html/1/150/188/index.html.

[22] 湖南省工业和信息化厅.《中国(湖南)自由贸易试验区总体方案》来了![EB/OL]. (2020-09-21)[2022-7-15]. https://gxt.hunan.gov.cn/gxt/xxgk_71033/gzdt/rdjj/202009/t20200921_13744181.html.

[23] 湖南省商务厅. 我厅联合省财政厅开展保税维修和再制造调研[EB/OL]. (2021-02-26)[2022-7-15]. https://swt.hunan.gov.cn/swt/hnswt/zt/wmzn/jgmyfw/202102/t20210226_13216697470485 0832.html.

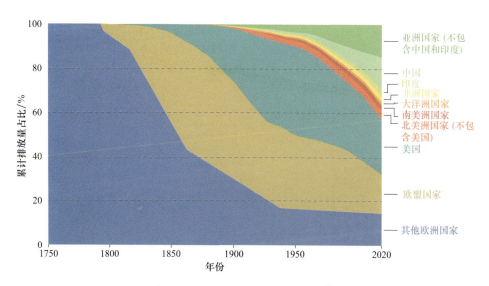

图1-2 全球累计碳排放量占比[7]

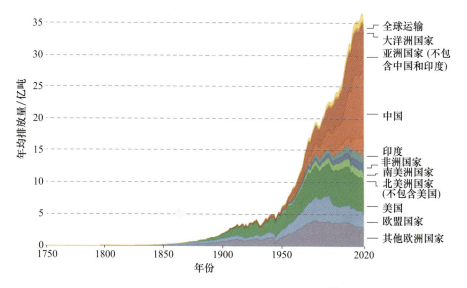

图1-3 全球二氧化碳年均排放量趋势[7]

彩1

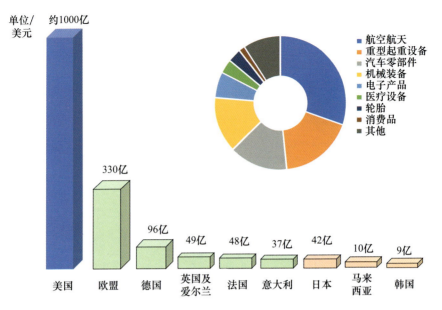

图1-5 美国再制造产业规模及各再制造行业产值占比

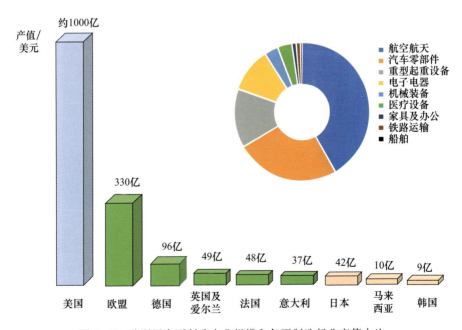

图1-7 欧洲国家再制造产业规模和各再制造行业产值占比

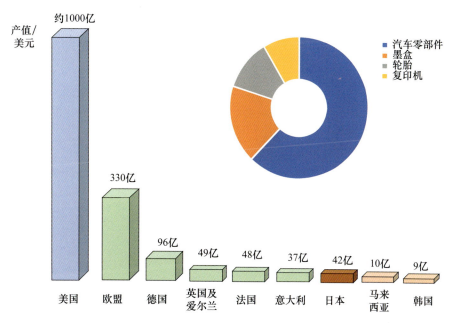

图1-8 日本再制造产业规模和各再制造行业产值占比

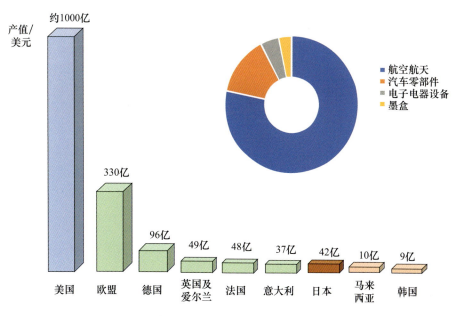

图1-10 马来西亚再制造产业规模和各再制造行业产值占比

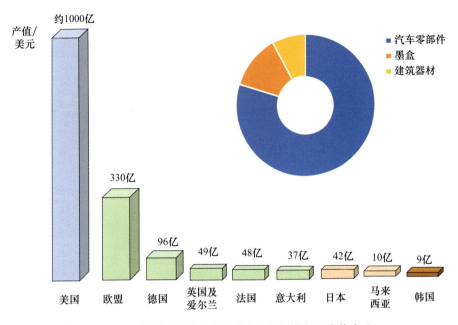

图 1-11 韩国再制造产业规模和各再制造行业产值占比

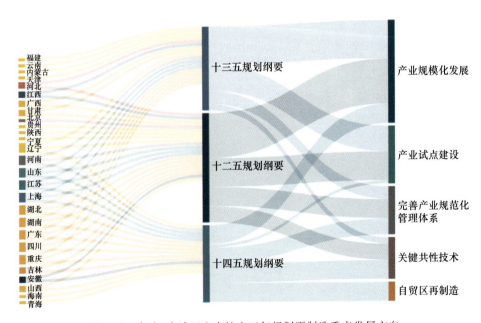

图 2-7 各省、自治区和直辖市五年规划再制造重点发展方向

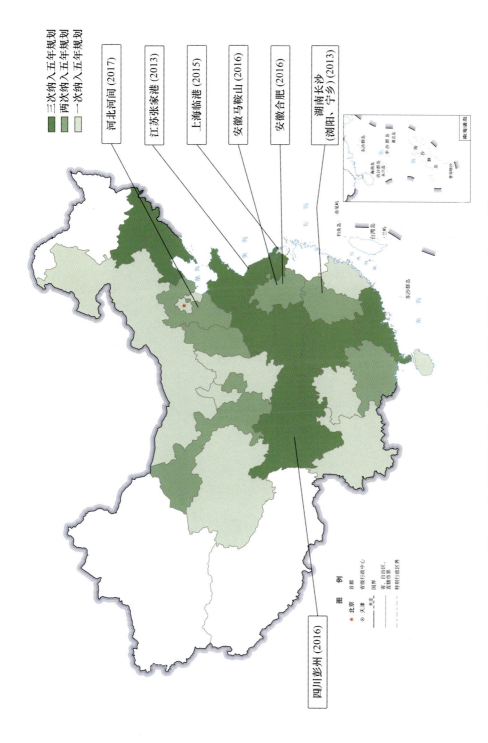

图2-5 将"再制造"列入"十四五"规划纲要的省、自治区和直辖市

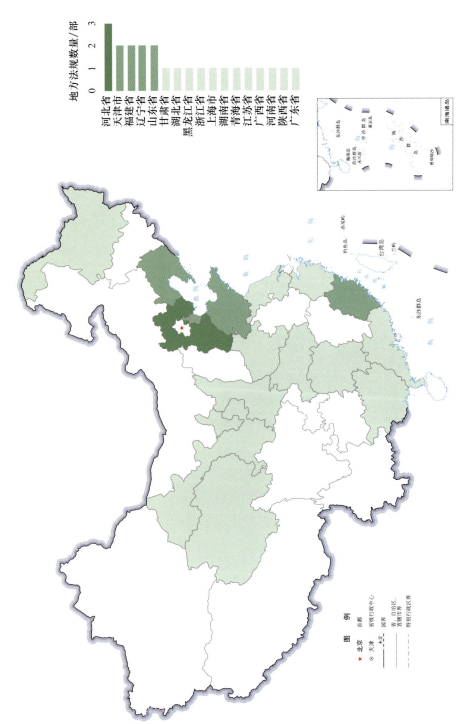

图2-8 发布地方性再制造法规省份

彩6

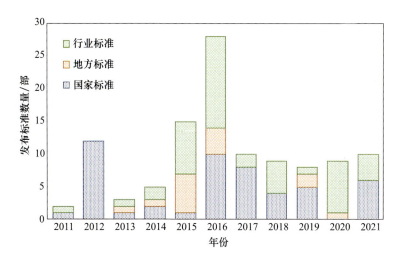

图 3-1 各类再制造相关技术规范和标准发布数量统计

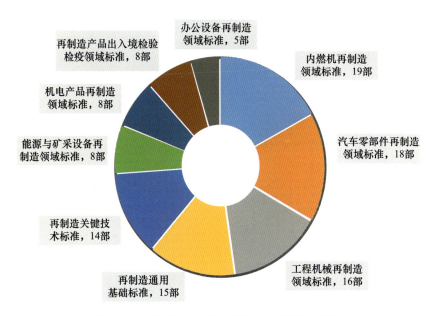

图 3-3 不同行业领域再制造相关标准数量统计

彩 7

(a) 除漆操作图示　　　　(b) 漆层与基体结合强度随温度变化规律

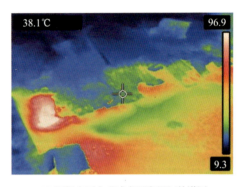

(c) 钢板表面电磁感应温度场红外谱图

图 4-8　电磁感应加热去除钢板表面漆层

图 4-10　干冰清洗技术用于外军飞行甲板防滑涂层去除[27]

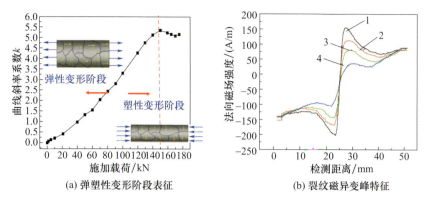

(a) 弹塑性变形阶段表征

(b) 裂纹磁异变峰特征

图 5-3 磁记忆信号表征弹塑性变形和裂纹磁异变峰特征

(a) 曲轴实物图

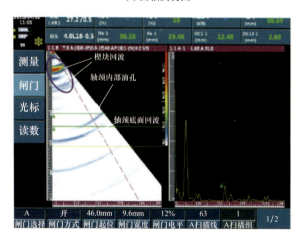

(b) 检测曲轴连杆轴颈裂纹的A扫和C扫

图 5-5 曲轴再制造毛坯及其超声相控阵检测结果

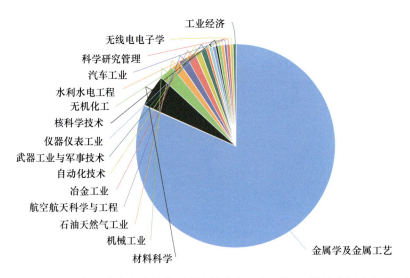

图6-4 2006—2022年国内超声速等离子喷涂技术行业应用情况（统计数据来自中国知网）

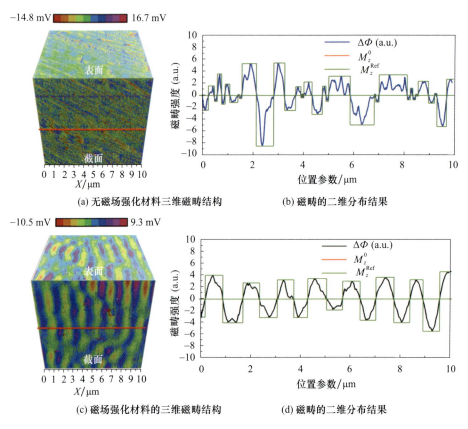

(a) 无磁场强化材料三维磁畴结构　(b) 磁畴的二维分布结果

(c) 磁场强化材料的三维磁畴结构　(d) 磁畴的二维分布结果

图6-27 Ni基涂层材料磁化前后磁畴分布图

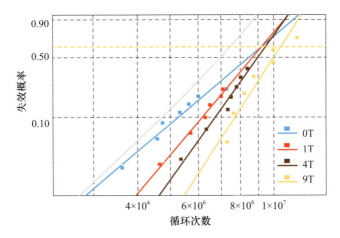

图 6-28 不同磁处理参数下疲劳循环次数

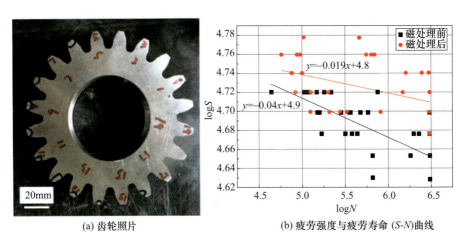

(a) 齿轮照片

(b) 疲劳强度与疲劳寿命 (S-N) 曲线

图 6-29 实验用齿轮照片及疲劳寿命 S-N 曲线

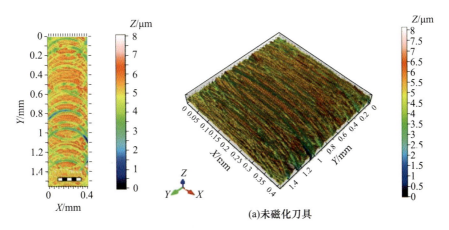

(a) 未磁化刀具

彩11

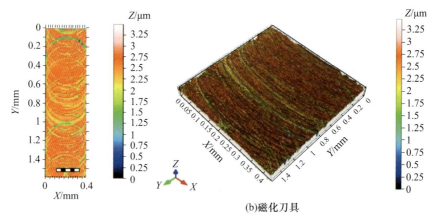

(b) 磁化刀具

图 6-30 切削不锈钢后刀具（切削长度 70mm）的三维形貌结果

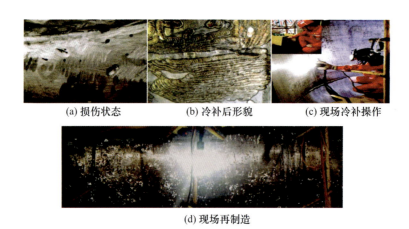

(a) 损伤状态　　(b) 冷补后形貌　　(c) 现场冷补操作

(d) 现场再制造

图 6-31 石化装置急冷塔再制造案例[69]

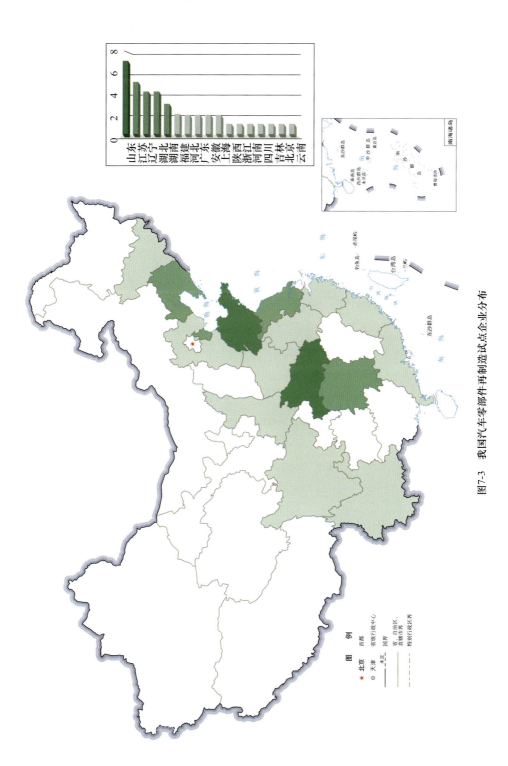

图7-3 我国汽车零部件再制造试点企业分布

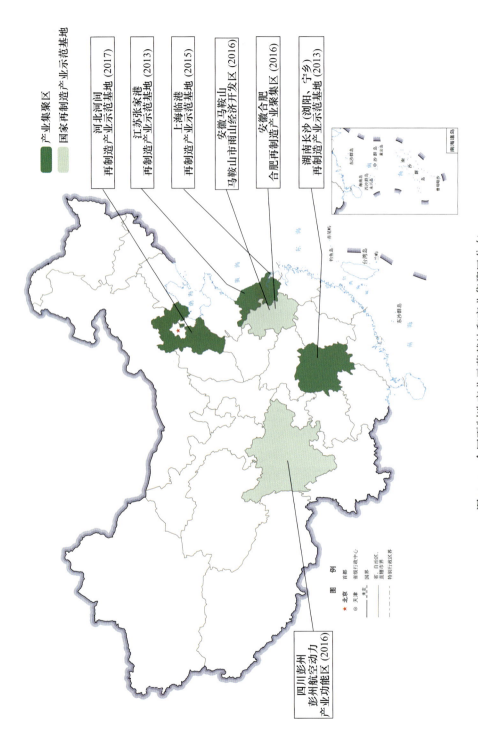

图10-1 全国再制造产业示范基地和产业集聚区分布

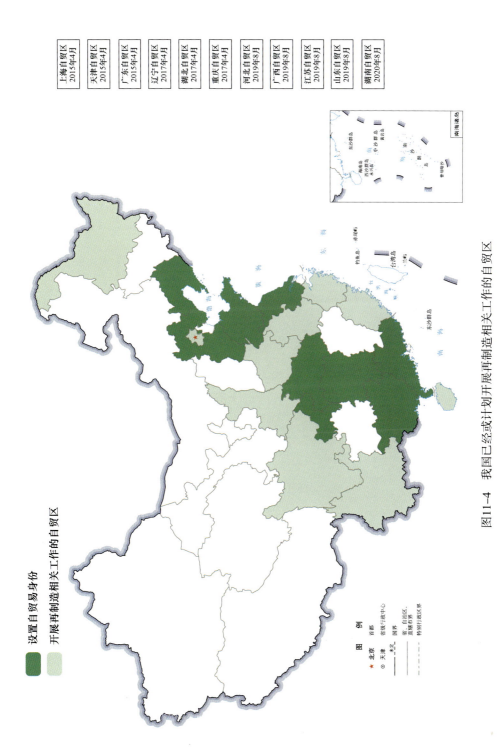

图11-4 我国已经或计划开展再制造相关工作的自贸区